喀斯特石漠化演变过程刻画与信息挖掘技术

许尔琪 著

U0172479

科学出版社

北京

内 容 简 介

全书研究喀斯特石漠化演变过程刻画与信息挖掘的技术，以中国西南喀斯特地区典型县域为研究区，通过地面调查、遥感反演、经典统计、地统计和空间分析等多种手段，从石漠化监测、驱动机制和模拟预测 3 个方面内容对石漠化动态演变过程进行全面刻画。在喀斯特石漠化遥感自动制图、石漠化演变驱动机制、石漠化与人为活动的互馈过程以及石漠化情景模拟与动态预测等方面进行方法构建和技术研究，从而有助于深入认识喀斯特石漠化演替过程，科学支撑区域的石漠化控制与治理。

本书可供自然地理学、土地系统科学、遥感和地理信息系统等专业方向的科研和教学人员参考，亦可作为科研院所和高等院校相关专业的教学参考书籍。

图书在版编目（CIP）数据

喀斯特石漠化演变过程刻画与信息挖掘技术／许尔琪著. —北京：科学出版社，2020.3

ISBN 978-7-03-063162-6

Ⅰ.①喀… Ⅱ.①许… Ⅲ.①岩溶地貌-戈壁-地质演化-研究 Ⅳ.①P931.5

中国版本图书馆 CIP 数据核字（2019）第 243744 号

责任编辑：李 敏 杨逢渤／责任校对：樊雅琼
责任印制：吴兆东／封面设计：无极书装

科学出版社 出版
北京东黄城根北街 16 号
邮政编码：100717
http://www.sciencep.com

北京虎彩文化传播有限公司 印刷
科学出版社发行 各地新华书店经销
*
2020 年 3 月第 一 版 开本：720×1000 1/16
2020 年 3 月第一次印刷 印张：12 1/4
字数：300 000
定价：168.00 元
（如有印装质量问题，我社负责调换）

前　　言

中国西南岩溶地区地处世界三大岩溶地貌集中分布区之一的东亚片区中心地带，其石漠化程度最为严重，成为国内外研究的核心区。在特殊的喀斯特背景和剧烈的人类干扰下石漠化加剧发生，吞噬西南喀斯特地区民众的生存空间，成为威胁和限制区域最严重的生态问题。如何深入认识并预测喀斯特石漠化演替过程，是石漠化控制与治理的基础和关键。这就要求准确识别并动态监测石漠化的时空动态过程，揭示其在岩溶自然环境和人为活动联合影响下的驱动机制，并预测石漠化未来的发展趋势和空间格局，以科学支撑区域的石漠化恢复，促进生态环境质量提升。

国内外关于喀斯特石漠化变化研究已经开展了大量工作，并取得较多成果，但是仍存在较多问题。遥感反演成为大范围石漠化空间制图的重要手段，构建快速而准确的石漠化自动制图方法是石漠化监测的主要方向和难点；解析自然与人为因子及其相互作用对石漠化的影响，揭示石漠化与人类活动互馈规律，方可深入认知石漠化的演化机制，目前尚缺乏有效的定量手段；现有研究中尚缺乏对喀斯特石漠化演替过程的全局外生效应和区域局部变化特征的考虑，难以准确预测石漠化演变。因此，从石漠化监测、驱动机制和模拟预测 3 个方面内容进行信息挖掘和技术研建，方可全面刻画石漠化动态演变过程。

针对上述存在的问题和难点，在中国科学院、科学技术部和国家林业和草原局等有关项目的资助下，本书以西南喀斯特地区典型县域为研究区，将石漠化动态过程认知作为主线，旨在通过定量化手段应用和模型研建，对喀斯特石漠化遥感自动制图、石漠化演变驱动机制及人为互馈过程和石漠化情景模拟与动态预测 3 个方面展开研究。本书应用地面调查、遥感反演、经典统计、地统计和空间分析等多种手段，深入研究石漠化演变过程刻画与信息挖掘的技术，为喀斯特地区有效控制和恢复石漠化提供科学依据。

在内容编排方面，本书共 8 章。第 1 章主要综合国内外相关文献，进行可视化解析和表达，探讨石漠化及其动态过程研究的主要热点和难点，介绍本书的研究背景、研究意义和主要思路；第 2 章主要应用反照率、植被指数、地表温度和蒸散等多种遥感卫星提供的陆地数据产品，分析其在喀斯特地区的适用性，解析其与喀斯特石漠化的关系和应用前景；第 3 章构建基于面向对象并结合支持向量机的石漠化自动制图方法，选取不同喀斯特地貌的县域进行了方法的应用和精度评估；第 4 章构建了人类活动影响石漠化强度的标准化指数，以此挖掘人为因素驱动石漠化交互演化的局部信息；第 5 章应用空间分析技术和地理探测器模型，探索多驱动因素及其相互作用与石漠化演化的贡献程度；第 6 章利用地理加权回归模型，分析石漠化影响因子的空间分异规律和局部的关键影响因子，刻画多因子组合作用对石漠化的影响；第 7 章建立了单元耦合、综合耦合以及联合耦合强度等系列时空耦合指数，探讨石漠化演替与社会经济时空耦合关系；第 8 章构建了石漠化动态模拟模型，通过石漠化局部时空演化特征和全局变化趋势预测，将自上而下和自下而上过程进行耦合，模拟石漠化时空演化。

中国科学院地理科学与资源研究所石玉林院士和张红旗研究员对本书的写作给予细致而悉心的指导和建议，国家林业和草原局的李梦先和山东曲阜师范大学的王晓帆提供了数据支持，在此表示崇高的敬意和衷心的感谢。

希望本书的出版能够为喀斯特石漠化动态变化提供理论指导和案例研究，进一步丰富喀斯特地区石漠化演变过程刻画与信息挖掘研究的技术方法。关于喀斯特石漠化的研究十分庞杂，限于作者的水平和时间，书中难免有不足之处，敬请读者批评赐教。

作 者

2019 年 8 月

目　　录

| 第 1 章 | 绪　　论

1.1　喀斯特石漠化研究背景

喀斯特石漠化是全球范围内重大的经济、生态和环境问题，威胁着社会的可持续发展（Reynolds et al.，2007）。作为一种特殊的土地荒漠化类型，石漠化表现为严重的土壤侵蚀、基底岩石的大面积暴露和土壤生产力的急剧下降，从而呈现出类似沙漠化的景观特征（Wang et al.，2004a）。中国西南喀斯特地区位于亚洲东部喀斯特片区的中心地带，是世界上喀斯特地貌分布最广泛和最发达的片区之一。石漠化吞噬西南喀斯特地区民众的生存空间，成为威胁和限制中国西南地区最严重的生态问题（Wang et al.，2004a；Bai et al.，2013）。近年来，喀斯特石漠化的研究愈加受到重视，关于喀斯特石漠化研究的学者背景较广，研究方向也较为多样，梳理国内外关于喀斯特石漠化的相关进展，有助于认识喀斯特石漠化演化进程，辨析石漠化研究热点及相关主题，以辅助支撑石漠化治理与恢复。

根据 2018 年底公布的《中国·岩溶地区石漠化状况公报》，我国西南岩溶地区石漠化土地面积出现净减少，石漠化扩展趋势整体得到有效遏制，岩溶地区石漠化土地面积持续减少、危害不断减轻、生态状况稳步好转。然而，区域的毁林开垦、陡坡耕种、樵采薪材和过度放牧等现象给治理成果巩固带来压力，如西南地区有 261.6 万 hm^2 已经发生石漠化的耕地还在继续耕种中，且 93.7% 为坡耕旱地（坡度大于 5°以上），有继续恶化的风险。鉴于石漠化防治的长期性和艰巨性，对目前石漠化研究成果开展阶段性梳理，分析石漠化研究发展态势及方向，探究其研究的前沿热点，有利于石漠化的治理与恢复。

1.2　国际石漠化研究发展态势分析

目前，CiteSpace 作为国内外研究中较为常用的文献可视化计量分析软件，集合了共现网络分析、关联规则分析以及聚类分析等方法，可探索科学研究中的热点问题、深入分析研究趋势和相关关系（李杰和陈超美，2017）。本研究拟以"Web of Science™核心合集"为样本数据来源，借助 CiteSpace 软件，梳理目前关于喀斯特石漠化研究发表的文献，以可视化图谱方式展示梳理学术界关于石漠化研究的态势及方向，探究其研究的前沿热点，为石漠化研究与治理提供一定的科技参考。

CiteSpace 是一款基于计量学以及数据可视化技术，对特定文献中的相关数据解析，并对科技信息进行可视化表达与分析的软件。CiteSpace 可以直观地展示科学知识的结构、分布规律及其相关关系（李杰和陈超美，2017），目前被研究学者广泛应用于各类文献综述和可视化表达，如生态安全风险（秦晓楠等，2014；祝薇等，2018）、水文足迹（张灿灿和孙才志，2018）、生态工程（曹永强和刘明阳，2019）和旅游发展等（谢伶等，2019）。

本研究以 "Web of Science™核心合集" 为对象数据库，设定 "主题 = karst rocky desertification" 为检索条件，时间跨度为所有年份，检索喀斯特石漠化研究的相关成果。剔除研究报告、书评等非研究性文献，作者于 2019 年 6 月 30 日通过中国科学院地理科学与资源研究所图书馆端口进入 Web of Science，共收集到关于石漠化研究的外文文献 275 篇。利用 CiteSpace 软件分析中的合作网络分析（发文作者、发文机构、发文国家/地区）、共被引分析（文献共被引、作者共被引、期刊共被引）、共现网络分析（关键词）等网络功能模块，对收集到的喀斯特石漠化研究文献进行可视化解析和表达，并绘制相应的知识图谱。

1.2.1 国际发表文献基本信息

1. 发文国家

将关于喀斯特石漠化研究的发文数量按照国家进行统计分析（图 1-1），发现中国在石漠化研究领域发表的论文数量最多，总计 255 篇（含与国外合作发表的文献），占发文总量的 92.73%，中心度为 1.4，各项指标远超其他国家，表明中国在石漠化研究领域具有丰富的研究基础和成果，在理论研究及创新发现上发挥重要作用；美国在石漠化研究领域发文数量位居第二，再次为荷兰、加拿大、伊朗、英国、意大利，皆是喀斯特地貌主要分布的国家。

国家发文数量的庞大与区域石漠化问题的严峻是密不可分的，世界岩溶地貌集中分布区主要包括欧洲中南部、北美东部和东亚地区三大片区。前两个片区也有石漠化，如土耳其、法国、摩洛哥、意大利、克罗地亚等都曾经有石漠化（Gams，1993；Sauro，1993；Parise and Pascali，2003），但由于上述地区地质环境脆弱性较小、人口和经济压力相对较轻，石漠化多为生态地质环境因素影响（袁道先，2008；李阳兵等，2014），侧重于区域生态、水文和地质等方面的研究（Hollingsworth，2009；Ford and Williams，2013）。然而，地处东亚片区中心地带的

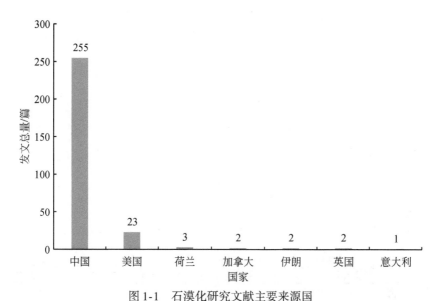

图 1-1 石漠化研究文献主要来源国

由于存在包含多个国家作者一起发表的情况，各国发文数量加和不等于发文总量 275 篇

西南岩溶地区，该片区人口密度明显高于其他岩溶地貌集中分布区，其石漠化问题不仅受地质背景的影响，更是自然因素和人类活动叠加的结果（苏维词，2002；李阳兵等，2003；Wang et al., 2004a；Xu and Zhang, 2014；Yan and Cai, 2015）。西南岩溶区作为我国贫困人口集中分布地区，同时区域人口密度达 207 人/km²，是全国平均人口密度的 1.5 倍①，滞后的经济发展和巨大的人口压力容易加剧石漠化的发生。因此，中国西南岩溶区的喀斯特石漠化问题最为突出，受到学界的关注，中国学者对石漠化的研究最为广泛，进一步说明了中国在石漠化研究中的领先地位，同时也反映出石漠化对中国的影响相对较为明显，石漠化的恢复和治理工作亟待进一步的加强。

2. 发文时间

将发文数量按照发表年份进行统计（图 1-2），发现在国际上关于喀斯特石漠化发表是从 1986 年开始，总体上，关于石漠化研究的年度文献数量呈上升趋势，大致经历了一个早期发展（2003 年以前）—缓慢增长（2004～2010 年）—平稳增长（2011～2015 年）—快速增长（2016 年至今）的发展过程（个别年份有波动，但总体呈增长趋势）。

研究文献的发表，与国内外学者对喀斯特石漠化问题的关注程度是密切相关

---

① 2018 年《中国·岩溶地区石漠化状况公报》。

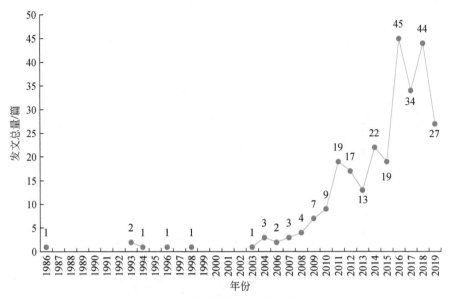

图1-2　石漠化研究文献数量年度分布图

的。在"石漠化"的说法没有被明确提出来之前,"石山""石山化""石质化"等被用于描述喀斯特地区的石漠化现象。在关于喀斯特石漠化的认识方面,早在17世纪中国明代的《徐霞客游记·黔游日记》中就记载了西南地区的石山(袁道先,2008),清代康熙时期的《贵州通志》也提到贵州地区"多石"和"地埆不可耕"(韩昭庆,2006),民国时期制定的"全国各县土地利用状况调查表"更有"不能生产之石山"的类别和调查(韩昭庆和杨士超,2011)。至此,还没有对石漠化概念的明确提出,也没有在国际上发表相关文献。

20世纪80年代开始,国际上开始有关于土地退化、基岩裸露等"石漠化"现象的研究和报道(Grove,1986;Fanelli et al.,1994);1983年,美国科学促进会第149届年会把岩溶喀斯特地区比作沙漠边缘一样的脆弱环境,关注区域的退化问题(袁道先,2008);在国内,西南喀斯特地区开展了一系列石漠化治理工程和项目,这一阶段关于石漠化的研究多见于中文报道(袁道先和蔡桂鸿,1988;苏维词和周济祚,1995)。在20世纪90年代,"石漠化"及其英译"rock desertification"开始被使用(Yuan,1991,1997;袁道先,2008),喀斯特石漠化问题逐渐受到关注,学界开始展开研究,这一时段石漠化研究还处于起步阶段,国际上仅有零星的论文发表。

进入21世纪,石漠化研究发表文献逐渐增加,且集中在中国,相关文献发表的数量与中国政府以及国内学术界的研究热度是相吻合的。2004~2005年,国家林业局开展了我国岩溶地区的石漠化监测工作①；2008 年，国务院批复《岩溶地区石漠化综合治理规划大纲（2006—2015 年）》，决定在石漠化严重的 8 个省（自治区、直辖市）的 100 个县启动实施为期 3 年的岩溶地区石漠化综合治理试点工程，并在 2011 年扩大到 200 个县。这意味着从国家的层面，对西南岩溶地区的喀斯特石漠化问题开展全面的监测和修复治理，国内外学者对石漠化问题研究也逐渐增多，对应着缓慢增长和平稳增长两个阶段，这与国家层面对其关注和治理的年份是相吻合的。2016 年，科学技术部启动的国家重点研发计划"典型脆弱生态修复与保护研究"重点专项中重点支持了喀斯特峰丛洼地、喀斯特高原、喀斯特断陷盆地和喀斯特槽谷区 4 项石漠化综合治理技术项目，大力推动了石漠化研究的迅猛发展。

3. 文献被引

截至目前，"Web of Science ™核心合集"中关于石漠化研究的 275 篇文献被引频次共计 2289 次，每篇论文平均被引 8.32 次。对相关文献按年度进行被引频次统计，结果见图 1-3。文献年度被引频次变化与年度发文数量变化趋势一致，总体呈上升趋势，历经缓慢增长（2008 年以前）、平稳增长（2009～2015 年）和快速增长（2016 年至今）三个阶段（个别年份有波动，但总体呈增长趋势）。2016 年至今，文献被引频次共计 1732 次，占总被引频次的 75.67%，说明近年来对石漠化的研究明显加强，这与石漠化研究发文数量的变化趋势相吻合。

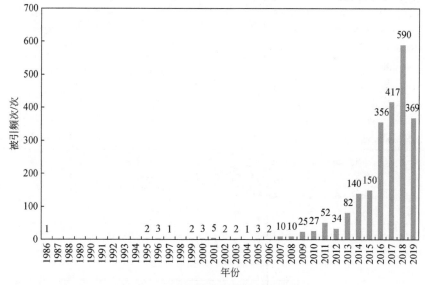

图 1-3　石漠化研究文献年度被引频次

① 2007 年《中国·岩溶地区石漠化状况公报》。

对每篇文献被引频次进行分析，结果显示，王世杰（WANG SJ）等于2004年发表在 *Land Degradation & Development* 上的文章 Karst rocky desertification in southwestern China：Geomorphology，landuse，impact and rehabilitation，被引次数最高，达203次，占总被引次数的8.87%。该文介绍了中国西南岩溶石漠化的成因、造成的影响以及相关修复与治理措施（Wang et al.，2004a），引起了国内外学者的广泛关注。目前，总被引频次排前20的研究文献信息详见表1-1，合计被引次数1161，占总被引次数的50.72%，超过了一半。

表1-1　总被引频次排前20的研究文献信息

序号	标题	作者	来源出版物名称	出版年份	合计引频
1	Karst rocky desertification in southwestern China：Geomorphology，land-use，impact and rehabilitation	WANG SJ，LIU QM，ZHANG DF	*Land Degradation & Development*	2004	203
2	Effects of land use, land cover and rainfall regimes on the surface runoff and soil loss on karst slopes in southwest China	PENG T，WANG SJ	*Catena*	2012	142
3	Rocky desertification in Southwest China：Impacts, causes, and restoration	JIANG ZC，LIAN YQ，QIN XQ	*Earth-Science Reviews*	2014	138
4	Surface and subsurface environmental degradation in the karst of Apulia（southern Italy）	PARISE M，PASCALI V	*Environmental Geology*	2003	66
5	How types of carbonate rock assemblages constrain the distribution of karst rocky desertified land in Guizhou Province，PR China：Phenomena and mechanisms	WANG SJ，LI RL，SUN CX，et al.	*Land Degradation& Development*	2004	58
6	Assessing spatial-temporal evolution processes of karst rocky desertification land：indications for restoration strategies	BAI XY，WANG SJ，XIONG KN	*Land Degradation& Development*	2013	52
7	Evaluation of soil fertility in the succession of karst rocky desertification using principal component analysis	XIE LW，ZHONG J，CHEN FF，et al.	*Solid Earth*	2015	48
8	Multi-scale anthropogenic driving forces of karst rocky desertification in southwest China	YAN X，CAI YL	*Land Degradation& Development*	2015	45

序号	标题	作者	来源出版物名称	出版年份	合计引频
9	Estimating suspended sediment loads in the Pearl River Delta region using sediment rating curves	ZHANG W, WEI XY, ZHENG JH, et al.	*Continental Shelf Research*	2012	43
10	Spatial pattern of karst rock desertification in the middle of Guizhou Province, southwestern China	HUANG QH, CAI YL	*Environmental Geology*	2007	40
11	Environmental effects of land – use/cover change caused by urbanization and policies in Southwest China Karst area：A case study of Guiyang	LIU Y, HUANG X J, YANG H, et al.	*Habitat International*	2014	39
12	Characterization and interaction of driving factors in karst rocky desertification：A case study from Changshun, China	XU E Q,ZHANG H Q	*Solid Earth*	2014	36
13	Human impact on the karst of the Venetian Fore-Alps, Italy	SAURO U	*Environmental Geology*	1993	34
14	Effectiveness of ecological restoration projects in a karst region of southwest China assessed using vegetation succession mapping	QI XK, WANG K, ZHANG CH	*Ecological Engineering*	2013	35
15	Mining spatial information to investigate the evolution of karst rocky desertification and its human driving forces in Changshun, China	XU EQ,ZHANG HQ, LI MX	*Science of Total Environment*	2013	32
16	The relations between land use and karst rocky desertification in a typical karst area, China	LI YB, SHAO JA, YANG H, et al.	*Environmental Geology*	2009	31
17	Rocky land desertification and its driving forces in the karst areas of rural Guangxi, Southwest China	LIU YS, WANG JY, DENG XZ	*Journal of Mountain Science*	2008	31
18	Rocky desertification and its causes in karst areas：a case study in Yongshun County, Hunan Province, China	XIONG YJ,QIU GY, MO DK, et al.	*Environmental Geology*	2009	30

序号	标题	作者	来源出版物名称	出版年份	合计引频
19	Biomass accumulation and carbon sequestration in an age-sequence of Zanthoxylum bungeanum plantations under the Grain for Green Program in karst regions, Guizhou Province	CHENG JZ,LEE XQ, THENG B K G, et al.	*Agricultural and Forest Meteorology*	2015	29
20	Land use change and soil erosion in the Maotiao River watershed of Guizhou Province	XU YQ,LUO D,PENG J	*Journal of Geographical Sciences*	2011	29

1.2.2 发文主要研究机构分析

运用 CiteSpace 软件对石漠化研究相关外文文献检索结果进行主要研究机构分析，结果如图1-4所示，其中节点越大，表示该结构发文数量越多。发文数量前十的机构均为中国机构，这也进一步说明了中国学术界在石漠化研究中处于相对前沿和领先的地位。发文数量最多的机构是中国科学院（Chinese Acad Sci），达102篇，该机构也是中国科研能力最强的机构，中国科学院地球化学研究所、中国科学院亚热带农业生态研究所和中国科学院地理科学与资源研究所是主要的发文机构，拥有普定站、环江站等喀斯特生态系统试验站，在该研究领域处于国内乃至国际领先地位；其次是贵州师范大学（Guizhou Normal Univ），发文数量达33篇，贵州是中国西南地区喀斯特石漠化发生的核心区和典型区，对石漠化问题研究有强烈的实际需求和区位优势；再次是中国科学院大学（Univ Chinese Acad Sci），发文数量达28篇，中国科学院大学与中国科学院有着密不可分的联系，进一步说明中国科学院在石漠化研究方面有着深厚的基础；其他机构还包括贵州大学（Guizhou Univ）19篇、西南大学（Southwest Univ）11篇、中国林业科学研究院（Chinese Acad Forestry）10篇、中国地质科学院（Chinese Acad Geol Sci）9篇、南京大学（Nanjing Univ）6篇、南京师范大学（Nanjing Normal Univ）6篇。

研究机构中心度越大则表示它与其他机构建立的研究合作越多，对其他机构的影响力也就越大。中心度排序则略有不同，中心度最高的依然是中国科学院（Chinese Acad Sci），中心度为1.19，其次是北京林业大学（Beijing Forestry Univ），中心度为0.27，再次是北京大学（Peking Univ），中心度为0.21，其余依次为南京大学（Nanjing Univ）（中心度为0.20）、贵州师范大学（Guizhou Normal Univ）（中心度为0.17）、中国地质科学院（Chinese Acad Geol Sci）（中

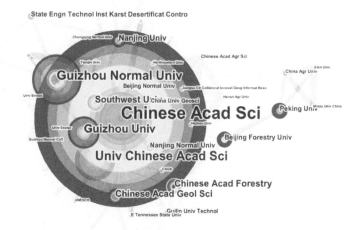

图 1-4　石漠化研究机构合作网络图

主要机构注释如下：中国科学院（Chinese Acad Sci）；贵州师范大学
（Guizhou Normal Univ）；中国科学院大学（Univ Chinese Acad Sci）；贵州大
学（Guizhou Univ）；西南大学（Southwest Univ）；中国林业科学研究院
（Chinese Acad Forestry）；中国地质科学院（Chinese Acad Geol Sci）；南京大
学（Nanjing Univ）；南京师范大学（Nanjing Normal Univ）

心度为 0.16）、贵州大学（Guizhou Univ）（中心度为 0.14）、中国科学院大学
（Univ Chinese Acad Sci）（中心度为 0.05）、南京师范大学（Nanjing Normal Univ）
（中心度为 0.02）和中国地质大学（China Univ Geosci）（中心度为 0.02）。这表
明，除了中国科学院，其余研究机构之间的合作还不强。

1.2.3　发文作者分析

1. 研究作者合作网络分析

通过对选取文献的作者进行合作网络分析，识别出目前在石漠化研究领域的
相对权威作者信息及合作网络关系（图 1-5 和表 1-2）。图中节点越大，表明其发
文数量越多。从图 1-6 及表 1-2 可知，发文数量最多的作者是王克林（WANG
KL），达 22 篇；其他发文数量超过 10 篇的作者分别是王世杰（WANG SJ）、岳
跃民（YUE YM）和白晓永（BAI XY），发文数量分别为 17 篇、13 篇和 11 篇。

总体来看，发文数量排前 10 的作者均为中国人（表 1-2），其余石漠化研究的作者也多为中国人，这与发文国家数量里中国占据绝对优势是相吻合的。

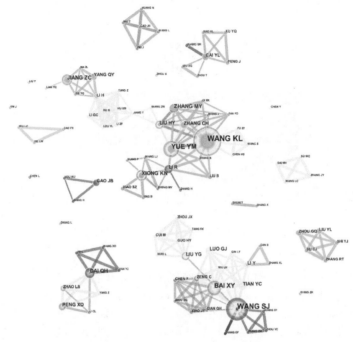

图 1-5　石漠化研究作者合作关系图

表 1-2　Web of Science 数据库中石漠化研究作者合作网络文献数量信息

序号	作者	数量/篇	中心度
1	王克林（WANG KL）	22	0.07
2	王世杰（WANG SJ）	17	0.06
3	岳跃民（YUE YM）	13	0.04
4	白晓永（BAI XY）	11	0.01
5	熊康宁（XIONG KN）	8	0.02
6	蒋忠诚（JIANG ZC）	8	0.01
7	戴全厚（DAI QH）	8	0.00
8	张明阳（ZHANG MY）	7	0.00
9	李瑞（LI R）	6	0.07
10	田义超（TIAN YC）	6	0.00

2. 研究作者共被引分析

同一篇文章参考文献目录中的同时被引用的两篇文献形成被共引关系,通过利用文献空间数据信息,对两篇文献的共被引关系的分析称为共被引分析(co-citation analysis)(黄晓军等,2019)。通过对石漠化研究相关文献作者的共被引分析,得出相关研究作者共被引关系网络图及详细信息(图1-6和表1-3),图中节点的大小反映了作者被引用的次数,节点越大,引用频次越高。通过图1-7及表1-3可以看出,王世杰(WANG SJ)的相关研究共被引次数最高,为177次,排第一位;袁道先(YUAN DX)共被引次数排第二位,达103次。研究作者共被引排名前10的作者均为中国学者,前20的作者也几乎全为中国学者,结合研究作者、研究机构及研究国别的分析结果,说明中国在喀斯特石漠化研究领域处于遥遥领先的地位。

图1-6 石漠化研究作者共被引关系网络图

表 1-3　Web of Science 数据库中石漠化研究作者共被引频次表

序号	作者	共被引频次	序号	作者	共被引频次
1	王世杰（WANG SJ）	177	11	岳跃民（YUE YM）	26
2	袁道先（YUAN DX）	103	12	CERDA A	25
3	蒋忠诚（JIANG ZC）	66	13	熊育久（XIONG YJ）	25
4	李阳兵（LI YB）	60	14	严详（YAN X）	25
5	白晓永（BAI XY）	59	15	李松（LI S）	24
6	黄秋昊（HUANG QH）	58	16	彭韬（PENG T）	24
7	许尔琪（XU EQ）	54	17	谢练武（XIE LW）	24
8	熊康宁（XIONG KN）	43	18	杨青青（YANG QQ）	19
9	刘彦随（LIU YS）	39	19	张霞（ZHANG X）	19
10	张信宝（ZHANG XB）	28	20	张明阳（ZHANG MY）	18

1.2.4　发文期刊共被引分析

对所选的 275 篇文献的引文期刊进行分析得知，引文期刊共来源于 201 个期刊，详细信息见表 1-4。在共被引网络中，一个结点充当"中介"的次数越高，它的中介中心度就越大，则表明该期刊在该方向的影响力越大。其中 Land Degradation & Development 期刊的共被引频次为 155 次，中心度为 0.15，均位居第一，表明该期刊在石漠化研究领域的核心地位；其次为 Environmental Earth Sciences 期刊，被引 94 次，中心度为 0.09；而 Environmental Geology 期刊被引频次位列第三，为 91 次，中心度为 0.11；其余引文期刊共被引频次排前十的期刊分别为 Catena、Earth-Science Reviews、Science、《中国岩溶》、Solid Earth、《生态学报》、Nature。除了关注共被引频次高的期刊，还要关注中心度高的期刊，如 Journal of Hydrology、International Journal of Remote Sensing、Plant and Soil 和 Journal of Arid Environments 等的中心度分别达到 0.14、0.11、0.11 和 0.10，才能全面把握石漠化研究领域最前沿的研究成果。

表 1-4　部分引文期刊被引信息统计表

序号	期刊	共被引频次	中心度
1	Land Degradation& Development	155	0.15
2	Environmental Earth Sciences	94	0.09
3	Environmental Geology	91	0.11

序号	期刊	共被引频次	中心度
4	*Catena*	84	0.09
5	*Earth-Science Reviews*	70	0.05
6	*Science*	65	0.12
7	《中国岩溶》	63	0.09
8	*Solid Earth*	62	0.04
9	《生态学报》	62	0.03
10	*Nature*	61	0.10
11	*Journal of Hydrology*	56	0.14
12	*International Journal of Remote Sensing*	54	0.11
13	*Science of the Total Environment*	51	0.03
14	*Geoderma*	50	0.04
15	*Remote Sensing of Environment*	49	0.09
16	*Plant and Soil*	44	0.11
17	*Geomorphology*	41	0.05
18	*Journal of Arid Environments*	38	0.10
19	*Hydrological Processes*	35	0.02
20	*Ecological Engineering*	35	0.08

1.2.5　国际上石漠化研究主题及研究热点分析

1. 关键词分析

关键词表达的是文献的核心研究内容，高频度关键词可以反映出一个研究领域的研究热点问题（谢伶等，2019）。利用 CiteSpace 软件的关键词共现网络分析功能，对石漠化研究的关键词共现网络图谱进行绘制（图1-7），科学分析石漠化研究领域的主要研究热点。图中的节点代表关键词，节点越大，说明关键词出现的频次越高，节点之间的连线越多则说明关键词共现的次数越多，连线的粗细表示两个关键词之间的紧密程度。通过图1-7 及表1-5 可以看出，关键词 karst rocky desertification（喀斯特石漠化）作为检索的依据，其出现的频次远高于其他关键词，达到154，中心度为0.33；karst（喀斯特）、area（面积）、land use（土地利用）和 southwest China（中国西南地区）等词分别列 2~5 位，出现频次也较高，分别为66 次、43 次、41 次和39 次。

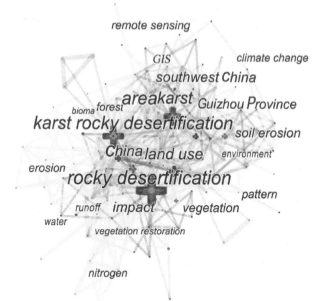

图 1-7 石漠化研究关键词共现网络图谱

表 1-5 石漠化研究关键词信息

序号	关键词	频次	中心度	序号	关键词	频次	中心度
1	karst rocky desertification（喀斯特石漠化）	154	0.33	11	GIS（地理信息系统）	17	0.06
2	karst（喀斯特）	66	0.13	12	vegetation（植被）	16	0.03
3	area（面积）	43	0.15	13	pattern（格局）	14	0.04
4	land use（土地利用）	41	0.19	14	remote sensing（遥感）	14	0.05
5	southwest China（中国西南地区）	39	0.16	15	runoff（径流）	12	0.05
6	erosion（侵蚀）	32	0.07	16	forest（林地）	11	0.08
7	China（中国）	29	0.14	17	water（水）	10	0.02
8	impact（效应）	27	0.09	18	nitrogen（氮）	10	0.07
9	Guizhou Province（贵州省）	22	0.10	19	environment（环境）	9	0.02
10	climate change（气候变化）	22	0.06	20	vegetation restoration（植被恢复）	8	0.09

注：将原数据中多个关键词进行合并，①rocky desertification 和 karst rocky desertification 两个关键词合并；②karst、karst area 和 karst region 三个关键词合并；③land use、land cover 和 land use change 三个关键词合并

在频次排序前 10 的关键词中，指示研究区域的关键词包括有 karst（喀斯特）、China（中国）、southwest China（中国西南地区）和 Guizhou Province（贵州省），依次表明了学术界关于石漠化研究的重点区域。全球三大碳酸盐岩连续分布区之一的中国片区是石漠化研究核心区域，该片区主要是位于中国西南地区，且贵州省是其中重中之重的研究区。

其余关键词分别揭示了石漠化研究的主要内容，关键词出现频次中 area（面积）排第 3 位；pattern（格局）是指示石漠化演化格局研究的关键词，表明石漠化是不断演变的动态过程，其面积变化和监测是石漠化治理的重要依据，是石漠化研究的最热门内容。排关键词第 11 位和 14 位的 GIS（地理信息系统）和 remote sensing（遥感技术），则是石漠化面积监测的重要手段。land use（土地利用）作为人类活动的综合表征，刻画着石漠化的正逆演替进程，因此在石漠化研究中也受到较多关注，频次位列关键词第 4 位。erosion（侵蚀）、impact（效应）、vegetation（植被）和 vegetation restoration（植被恢复）出现频次分别排第 6 位、8 位、12 位和 20 位，土壤和植被特征是石漠化识别的重要依据，伴随着石漠化的发生，土壤和植被也发生显著变化，也是石漠化研究的重点。runoff（径流）、forest（林地）、water（水）、nitrogen（氮）、environment（环境）出现频次排 15 ~ 19 位，皆是各生态环境要素，因此，石漠化所造成生态环境效应也是学界研究的重要部分。

2. 研究主题、热点及方向

利用 CiteSpace 软件，可计算出聚类的模块值（Modularity Q）和平均轮廓值（Mean Silhouette）两个指标，用来评价制图效果。Modularity Q 高于 0.3 则意味着聚类结构显著，聚类内部相似程度的指标平均轮廓值在 0 ~ 1，数值越大，相似度越高，说明网络同质性越高（祝薇等，2018）。面对众多的研究关键词，可对文献共被引进行聚类分析，进一步分析石漠化研究的热点和主题，将所引的文献中提取相关关键词为聚类命名，并绘制相关时间线图（图 1-8），提取各聚类主题信息，各聚类主题和代表性文献详见表 1-6。表 1-6 中的平均轮廓值分布于 0.7 ~ 1.0，即该聚类结构显著，聚类内部的研究主题明确；图 1-8 中 Modularity Q 达 0.7814，说明该网络结构十分显著；图 1-8 的平均轮廓值仅为 0.2289，进一步说明石漠化研究的内容广泛，各聚类主题间的相似度较低。

对比文献共引聚类结构和关键词频次的统计结果，两者具有很大的相似性，聚类度较高的主题的代表性文献基本分布于 2010 年以后，进一步验证了中国西南地区喀斯特石漠化研究在 2010 年以后受到各类研究学者的青睐，从科学研究的角度不断为地方政府建言献策，也进一步为当地石漠化治理提供强有力的科技支撑。学术界关于石漠化的研究主题大致可分为喀斯特的区域特色、石漠化的时空变化过程及其产生的生态环境效应三类。

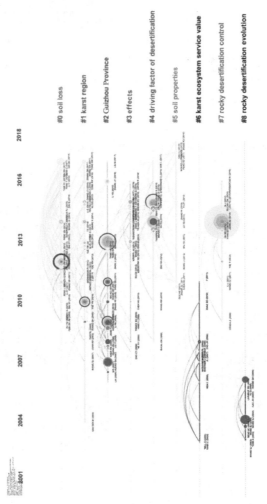

图 1-8 文献共被引聚类时间线图

表 1-6 文献共被引聚类信息表

主题群	编号	聚类主题	聚类大小	平均轮廓值	重要文献
喀斯特的区域特色	#1	karst region（喀斯特地区）	36	0.790	Parise and Pascali，2003；Yue et al.，2010
	#2	Guizhou Province（贵州省）	29	0.720	Huang and Cai，2007；Bai et al.，2013
石漠化的时空变化过程	#8	rocky desertification evolution（石漠化演替）	14	0.967	Wang et al.，2004a
	#4	driving factor of desertification（石漠化驱动力）	23	0.882	Xu and Zhang，2014；Yan and Cai，2015

主题群	编号	聚类主题	聚类大小	平均轮廓值	重要文献
石漠化的时空变化过程	#7	rocky desertification control（石漠化治理）	17	0.845	Jiang et al., 2014
石漠化所造成的生态环境效应	#3	effects（效应）	25	0.885	Liu et al., 2014b；Cheng et al., 2015
	#6	karst ecosystem service value（喀斯特生态系统服务价值）	18	0.996	Zhang et al., 2011
	#0	soil loss（水土流失）	43	0.872	Peng and Wang, 2012
	#5	soil properties（土壤质量）	19	0.713	Xie et al., 2015

　　第一类是突出喀斯特的区域特色，因此，以 karst region（喀斯特地区）和 Guizhou Province（贵州省）作为聚类主题，彰显了贵州省在石漠化研究的核心地位，以贵州省为代表的中国西南地区喀斯特石漠化问题研究在国内外都是相关研究热点。如前所述，尽管石漠化在全球其他喀斯特地区也有发生（Parise and Pascali，2003），但中国西南喀斯特地区岩溶类型齐全，山多地少，在人口压力、脆弱岩溶环境和不合理经济活动的作用下，容易发生石漠化（许尔琪和张红旗，2016）。贵州省作为世界上岩溶地貌发育最典型的地区之一，受石漠化威胁最大，因此，石漠化研究在以贵州省为代表的中国西南喀斯特地区（Huang and Cai，2007；Bai et al.，2013），既有现实需求，又有科学代表性，成为学术界石漠化研究的核心区。

　　第二类是关注石漠化的时空变化过程，聚类主题包括 rocky desertification evolution（石漠化演替）、driving factor of rocky desertification（石漠化驱动力）和 rocky desertification control（石漠化治理）。不管是政府层面还是学术界，石漠化研究的目的都在于有效控制和治理石漠化，因此，准确识别喀斯特石漠化的空间分布格局及其动态演替特征，是石漠化研究的基础（Wang et al.，2004a），也是评估石漠化治理效果的重要依据（Liu et al.，2008）。在此基础上，研究喀斯特石漠化驱动力及其交互作用，可辅助支撑科学控制、管理及恢复石漠化。石漠化的演变进程与众多自然地理因素有关，包括温度和降水等气象因素（Xiong et al.，2009；Peng and Wang，2012），海拔和坡度等地形因素（Huang and Cai，2007；Zhou et al.，2007；Jiang et al.，2009），以及不同碳酸盐岩组合类型的岩性因子（Wang et al.，2004b；Li et al.，2009）。同时，陡坡种植、超载放牧和乱砍滥伐等不合理的人类活动（Liu et al.，2008；Li et al.，2009；Wu et al.，2011；Yan et al.，2015）也是影响石漠化的关键因素。另外，石漠化综合治理工程可有效实现石漠化治理和恢复（Qi et al.，2013；Zhang et al.，2015；Tong et al.，2017）。多重驱动力的非线性交互效应导致不同时空尺度上喀斯特石漠化演替的显著差异（Xu and Zhang，2014；Yan and Cai，2015）。

第三类是研究石漠化所造成的生态环境效应，聚类主题包括 effects（效应）、karst ecosystem service value（喀斯特生态系统服务价值）、soil loss（水土流失）和 soil properties（土壤质量）。石漠化作为岩溶生态系统退化到极端的表现形式（曹建华等，2008），引起植被破坏，水分、土壤和养分的流失及生物多样性的损失，生态系统服务的供给发生减少甚至丧失（蔡运龙，1996；王世杰，2003；Zhang et al.，2011a）。土壤侵蚀既是石漠化演替的重要内容，又是加剧石漠化发生的重要因素，伴随着水土流失和石漠化加剧，喀斯特地区土层变薄，最终导致"无土可流"（Peng and Wang，2012）。随着石漠化等级的增加，生态系统逐渐退化，单位平均生态系统服务价值随着石漠化等级升高而降低（白晓永等，2005；陈伟杰等，2010；王月容等，2012；张斯屿等，2014）。同时，在样地研究中却发现生物多样性、固氮和营养物质生产等随着石漠化程度的增加并没有明显减少，甚至有所增加（Liu and Liu，2012；盛茂银等，2013；谭晋等，2013；Xie et al.，2015）。因此，石漠化效应研究重点关注水土流失和土壤质量的影响，将不同生态系统服务的量化和影响作为判断依据。

1.3　国内石漠化研究发展态势分析

中国在该研究领域处于领先地位，不仅在国际期刊发文数量最大，还在国内中文期刊关于石漠化研究有大量的文献报道，本研究应用 CiteSpace 软件和中国知网（CNKI）数据库，对国内的石漠化研究发展态势进行分析，同时，考虑到石漠化监测与演变这一研究主题的基础性和重要性，对该主题进行重点的文献解析。

以 CNKI 为对象数据库，设定"主题=石漠化"和"主题=石漠化 & 演变，石漠化 & 变化，石漠化 & 动态，石漠化 & 驱动，石漠化 & 监测，石漠化 & 模拟"为检索条件，时间跨度为所有年份，分别检索喀斯特石漠化及喀斯特石漠化演化研究的相关成果。这其中，涉及石漠化演化研究的关键词较多，为充分检索相关文献，本研究设置的关键词包括了"演变""变化""动态""驱动""监测""模拟"。

剔除研究报告、书评等非研究性文献，作者于 2019 年 6 月 30 日通过中国科学院地理科学与资源研究所图书馆端口进入 CNKI，共收集到关于石漠化和喀斯特石漠化演化研究的中文文献分别为 3170 篇和 627 篇。采用上述文献数据，利用 CiteSpace 软件，本研究进行国内石漠化研究发展态势的知识图谱绘制和可视化分析。

1.3.1　国内发文文献基本信息

统计关于石漠化及其演化研究的中文文献基本信息（表 1-7），3170 篇的石漠化研究文献总被引次数达 29 666 次，篇均被引数为 9.36 次；627 篇的石漠化演化研究文献总被引次数为 6483 次，篇均被引数达到 10.34 次，高于石漠化研究文献的平均数值，表明石漠化演化研究主题是其中的热门研究方向。

表 1-7　基于 CNKI 数据库的石漠化及其演化研究文献基本统计信息

石漠化		石漠化演化	
文献数/篇	3 170	文献数/篇	627
总参考数/篇	28 410	总参考数/篇	8 265
总被引数/次	29 666	总被引数/次	6 483
总下载数/篇	703 823	总下载数/篇	166 140
篇均参考数/篇	8.96	篇均参考数/篇	13.18
篇均被引数/次	9.36	篇均被引数/次	10.34
篇均下载数/篇	222.03	篇均下载数/篇	264.98
下载被引比	23.72	下载被引比	25.63

将发文数量按照年度进行统计分析，具体结果见图 1-9。与国际石漠化研究相比，国内的研究进度相近，略早于国际上的发表。国内石漠化研究的发展阶段大致可分为 3 个阶段，经历了一个早期发展（2000 年以前）—缓慢增长（2001～2005 年）—大幅增长（2006 年至今）的发展过程（个别年份有波动，但总体呈增长趋势）。20 世纪 90 年代开始，研究学者相继开始关注石漠化的研究。进入 21 世纪，石漠化研究开始呈现快速增长的趋势，在 2015 年左右，相关研究成果达最大值。

相比之下，石漠化演化研究的相关发表最早见于 2001 年，这主要得益于地理信息和遥感技术的发展为石漠化动态监测奠定了坚实的基础，在这之前，关于石漠化演化的研究以小区样地和定性描述为主，鲜有文献发表。在这之后，相关研究呈现出缓慢发展的趋势，2006～2008 年开始发文数量呈增加趋势，2009 年至今则是石漠化演化研究发表的快速增加时间，出现了大量的文献报道，相关学

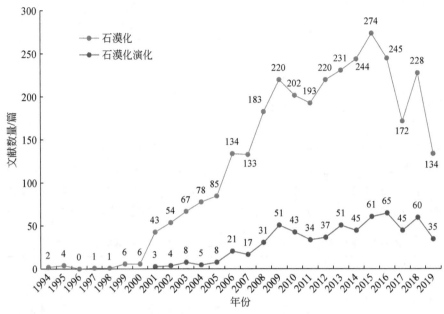

图1-9 石漠化及其演化研究中文文献数量年度分布图

者对石漠化的动态演替过程进行多维解析和研究。

1.3.2 国内石漠化研究进展分析

1. 发文主要机构分析

分析发现石漠化研究发文的机构主要分布在中国西南地区（图 1-10，表 1-8），再次印证了石漠化研究的区域特殊性和需求性。发文数量最多的机构是贵州师范大学，达 553 篇，在数量上排第一位，远高于排第二位的贵州大学（发文数量为 206 篇）和排第三位的西南大学（发文数量为 147 篇）。中国科学院下属研究单位较多，中国科学院地球化学研究所位于西南地区，发文数量也相对较多，为 120 篇。中国地质科学院岩溶地质研究所发文数量并列第四，也为 120 篇。上述机构中心度较高，大于等于 0.10，与其他单位的合作较为紧密。同时，中国科学院研究生院和中国科学院大学等均属于中国科学院系统，发文数量分别为 46 篇和 22 篇。发文数量位列前 10 的机构还包括广西师范学院（发文数量为 70 篇）、重庆师范大学（发文数量为 60 篇），贵州省山地资源研究所（发文数量为 60 篇）和贵州师范学院（发文数量为 44 篇）。

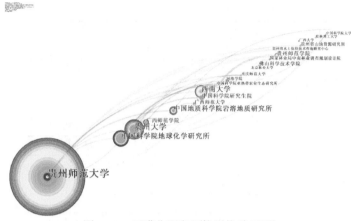

图 1-10   石漠化研究机构网络关系图

表 1-8   石漠化发文前 10 研究机构发文信息表

序号	机构	数量/篇	中心度
1	贵州师范大学	553	0.16
2	贵州大学	206	0.17
3	西南大学	147	0.10
4	中国科学院地球化学研究所	120	0.10
5	中国地质科学院岩溶地质研究所	120	0.12
6	广西师范学院	70	0.07
7	重庆师范大学	60	0.02
8	贵州省山地资源研究所	60	0.01
9	中国科学院研究生院	46	0.04
10	贵州师范学院	44	0.03

2. 研究作者分析

对发表文献的作者进行分析，获取石漠化研究领域的权威作者信息（表 1-9）及其合作关系图（图 1-11），其中合作关系图中节点越大，说明该作者的发文数量越多。可见，熊康宁的发文数量最多，达 239 篇，远超其他研究人员；其次是王世杰，达 89 篇；李阳兵发文 52 篇，排第三；上述三者节点明显大于其余作者，其他发文数量超过 30 篇（包括 30 篇）的作者分别为胡宝清、谢世友、蒋忠诚、周忠发和曹建华，发文数量分别为 39 篇、37 篇、32 篇、32 篇和 30 篇。合作关系图还可以看出，上述发文较多的作者合作关系也较多，如熊康宁、王世杰和李阳兵为中心连接了诸多发文作者，进一步显示了上述学者在石漠化研究中的贡献。

表1-9　石漠化研究作者发文数量信息表　　（单位：篇）

序号	作者	数量	序号	作者	数量
1	熊康宁	239	11	陈浒	26
2	王世杰	89	12	吴协保	25
3	李阳兵	52	13	魏兴琥	25
4	胡宝清	39	14	兰安军	23
5	谢世友	37	15	刘子琦	23
6	蒋忠诚	32	16	姚小华	21
7	周忠发	32	17	李森	21
8	曹建华	30	18	白晓永	19
9	但新球	27	19	王克林	18
10	苏维词	27	20	陈起伟	18

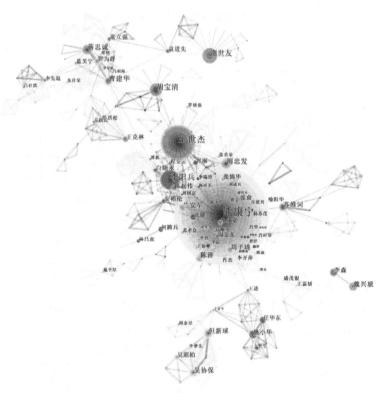

图1-11　石漠化研究作者合作关系图

3. 关键词分析

对检索获取的石漠化研究文献进行关键词共现网络分析，获取石漠化研究关键词相关信息（表 1-10），进一步分析石漠化研究热点。通过表 1-10 可以看出，以石漠化为主题检索获取的文献中，关键词出现频率最高的为"石漠化"（1913次），同时排在第 3 位的是"喀斯特石漠化"（199 次）也是相同的含义。排在第 2 位的是"喀斯特"（294 次），另外，排在第 4 位的"贵州"、第 10 位的"广西"、第 15 位的"石漠化地区"、第 17 位的"岩溶"和第 20 位的"片区"都是指示研究区的关键词，也表明了贵州和广西是石漠化研究的主要研究区。其余关键词，主要是指示石漠化的研究方向和内容：排在第 5 位的"石漠化面积"、第 11 位的"遥感"、第 12 位的"土地利用"和第 16 位的"现状"是表征石漠化动态监测及其驱动力的关键词；排在第 7 位的"综合治理"、第 9 位的"石漠化综合治理"和第 13 位的"对策"重点关注石漠化的治理与应对；其余的关键词包括"土壤""生态环境""植被"等都是研究石漠化产生的生态环境效应的关键词。可以看出，国内发表文献与国际上发表文献的方向是一致的，贵州和广西等西南喀斯特地区是石漠化研究发文的核心研究区，石漠化演化与治理及其生态环境影响是当前研究的热点。

表 1-10　石漠化研究关键词信息

序号	关键词	频次	中心度	序号	关键词	频次	中心度
1	石漠化	1913	0.32	11	遥感	118	0.07
2	喀斯特	294	0.24	12	土地利用	104	0.03
3	喀斯特石漠化	199	0.15	13	对策	101	0.06
4	贵州	181	0.18	14	土壤	76	0.15
5	石漠化面积	167	0.15	15	石漠化地区	75	0.04
6	喀斯特地区	163	0.11	16	现状	69	0.04
7	综合治理	153	0.06	17	岩溶	68	0.04
8	岩溶地区	138	0.06	18	生态环境	66	0.05
9	石漠化综合治理	124	0.15	19	植被	65	0.06
10	广西	123	0.08	20	片区	62	0.13

1.3.3　国内石漠化演化研究进展分析

1. 主要研究机构分析

对 CNKI 检索获得的 627 篇石漠化演化中文文献进行研究机构分析（图 1-12 和表 1-11）。国内石漠化演化研究的主要发文机构与石漠化研究的相类似，也主要分布于中国西南地区，发文数量排列前三位的机构仍为贵州师范大学、贵州大学和西南大学，分别达到 189 篇、54 篇和 40 篇，机构网络图中节点也明显大于其他机构；中国科学院地球化学研究所和中国地质科学院岩溶地质研究所发文数量也超20篇，分别为38篇和28篇；其余机构关于石漠化演化研究发文数量相对较少。

图 1-12　石漠化演化研究机构网络关系图

表 1-11　石漠化演化研究发文前 20 研究机构发文信息表

序号	机构	数量/篇	中心度
1	贵州师范大学	189	0.18
2	贵州大学	54	0.12
3	西南大学	40	0.06
4	中国科学院地球化学研究所	38	0.20
5	中国地质科学院岩溶地质研究所	28	0.05
6	中国科学院研究生院	14	0.08
7	广西师范学院	13	0.12
8	贵州师范学院	13	0.04
9	广西师范大学	11	0
10	佛山科学技术学院	10	0.05
11	国家林业局中南林业调查规划设计院	7	0.01

续表

序号	机构	数量/篇	中心度
12	贵州省山地资源研究所	7	0
13	河池学院	6	0
14	重庆师范大学	6	0
15	中国科学院亚热带农业生态研究所	6	0
16	贵州省水土保持技术咨询研究中心	5	0
17	桂林理工大学	5	0
18	中国科学院大学	5	0
19	北京林业大学	5	0
20	广西大学	5	0

注：2018 年 3 月，组建国家林业和草原局，不再保留国家林业局

2. 研究作者分析

对石漠化演化研究文献的作者进行分析，获取石漠化演化研究领域的权威作者信息（表1-12）及其合作关系图（图1-13）。可见，排前两位的依然是熊康宁和王世杰，发文数量分别达 75 篇和 27 篇；刘子琦发文 15 篇，排第三；陈起伟发文 10 篇，排第四；其他作者发文数量相对较少。通过图1-5 的网络联系和表1-12 各个作者的中心度可以看出，在石漠化演化的研究中合作关系相对较弱。

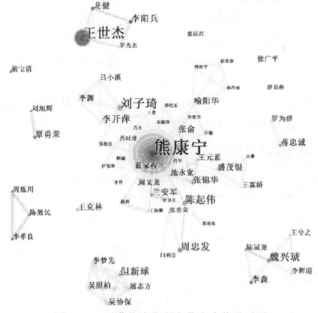

图 1-13　石漠化演化研究作者合作关系图

表 1-12　石漠化演化研究作者发文数量信息表

序号	作者	频次	中心度	序号	作者	频次	中心度
1	熊康宁	75	0.07	11	覃勇荣	6	0
2	王世杰	27	0.02	12	蒋忠诚	6	0
3	刘子琦	15	0	13	李森	6	0
4	陈起伟	10	0	14	张锦华	6	0
5	魏兴琥	9	0.01	15	盛茂银	6	0.01
6	周忠发	8	0	16	兰安军	6	0
7	但新球	8	0	17	张俞	6	0
8	李开萍	8	0	18	王克林	6	0
9	李阳兵	7	0	19	龙健	6	0
10	喻阳华	6	0.01	20	吴照柏	5	0

3. 关键词分析

利用 CiteSpace 软件的关键词共现网络分析功能，提取关键词信息（表 1-13），分析石漠化演化研究领域的主要研究热点。可以发现，石漠化演化研究中除了研究区的关键词，主要还包括 3 类关键词：一是表征"演化"含义的关键词，包括"面积"（第 3 位）、"时空变化"（第 11 位）、"监测"（第 16 位）和"动态变化"（第 19 位）等。二是指出了石漠化演化的主要驱动及影响因子，包括"石漠化治理"（第 4 位）、"土地利用"（第 6 位）、"土壤养分"（第 8 位）、"坡度"（第 14 位）和"水土流失"（第 20 位）等，这表明了石漠化治理工程和土地利用活动是石漠化演化的重要人为驱动因素，而土壤和坡度则是自然驱动因素中重点考虑的因子；同时，"影响因素"（第 13 位）也是该研究中的关键词。三是表示石漠化演化监测的关键技术，即"遥感"（第 10 位）技术的应用。可以看出，石漠化演化研究中侧重于历史石漠化时空变化及其驱动力的研究，对于石漠化未来演化的模拟与预测目前并没有受到重视。

表 1-13　石漠化演化研究关键词信息

序号	关键词	频次	中心度	序号	关键词	频次	中心度
1	石漠化	337	0.79	6	土地利用	29	0.05
2	喀斯特	82	0.29	7	贵州	24	0.11
3	面积	57	0.30	8	土壤养分	22	0.01
4	石漠化治理	38	0.16	9	广西	21	0.03
5	喀斯特地区	37	0.08	10	遥感	21	0.04

序号	关键词	频次	中心度	序号	关键词	频次	中心度
11	时空变化	20	0.02	16	监测	13	0.01
12	贵州省	20	0.12	17	石漠化区	10	0.06
13	影响因素	16	0.02	18	岩溶石漠化	10	0.00
14	坡度	15	0.05	19	动态变化	10	0.00
15	岩溶地区	13	0.01	20	水土流失	9	0.01

1.4　研究思路与框架

　　本研究发现，中国在喀斯特石漠化研究领域处于领先地位，中国政府以及国内学术界的研究推动了石漠化研究的快速发展。以贵州省为代表的中国西南地区是石漠化研究的核心区，石漠化监测与治理及其生态环境影响是当前研究的热点。综合目前发表的文献，喀斯特石漠化研究有以下几点可深入展开研究：①石漠化演替的驱动机制。目前对驱动石漠化演替过程的单因子已经较为深入，但是多因子的交互影响及石漠化演替机理认识尚显不足。以中国西南喀斯特地区为核心区，借鉴全球喀斯特分布区生态水文研究的经验，开展区域异同对比研究，并综合影响石漠化演替的自然和人文因素，有助于认识石漠化动态演替过程。②高精度石漠化制图技术。具有高时间和高空间分辨率遥感卫星的发射及遥感反演技术的发展，以及大数据平台（如 Google Earth Engine）的出现，集成与整合了海量遥感数据集和算法，其都为石漠化制图提供了更多的机会。基于石漠化分级依据，研发石漠化的准确而快速的识别和监测技术，可有效辅助石漠化治理措施的制定和效果评估。③石漠化演替模拟。复杂的岩溶环境特征和剧烈的人类活动导致喀斯特地区内部发生显著的喀斯特石漠化相互转换。模拟喀斯特石漠化空间演化需要预测石漠化扩张和收缩的不同过程，评价驱动力的影响，从而为相关策略的制定提供支持。

　　因此，本书着眼于喀斯特石漠化的动态过程，研究石漠化监测与演变信息的挖掘技术，包括石漠化制图、驱动因子解析和模拟预测 3 个方面内容，其中，部分章节内容来自作者发表的学术期刊。全书组织结构如下：第 1 章为绪论，第 2 章为 MODIS 遥感产品与喀斯特石漠化关系解析，第 3 章为应用面向对象和支持向量机的石漠化自动制图，第 4 章为喀斯特石漠化演化的人为驱动因素空间信息挖掘，第 5 章为喀斯特石漠化多驱动影响及其交互作用贡献计算，第 6 章为基于地理加权回归的喀斯特石漠化驱动因子影响空间差异量化，第 7 章为喀斯特石漠化演替与社会经济活动时空耦合关系刻画，第 8 章为耦合自上而下和自下而上过程的喀斯特石漠化模拟模型。

第 2 章 MODIS 遥感产品与喀斯特石漠化关系解析

　　卫星遥感数据是大范围进行石漠化制图的重要依据，然而，喀斯特地区山多，地表起伏大，且多云雨，导致区域遥感数据量匮乏，严重影响石漠化的遥感制图。遥感数据的空间和时间分辨率往往相互矛盾，选择重返周期足够短、又有足够精细空间分辨率的遥感数据，成为一种更为经济有效的选择。美国国家航空航天局 Moderate Resolution Imaging Spectroradiometer（MODIS）提供了多种陆地数据产品，探讨其与喀斯特石漠化的关系，解析多源 MODIS 数据石漠化制图的适用性，可有效用于石漠化制图和动态变化的快速监测。本研究以黔桂喀斯特山区为例，选取反照率、植被指数、地表温度（白天和夜间）和蒸散 4 类共 5 个数据产品，探讨上述数据与不同石漠化的时空关联特征。结果发现，MODIS 各陆地特征数据皆在黔桂喀斯特山区呈现明显空间分布差异，基本都呈现西高东低的空间分布格局，与区域南低北高的地势格局呈相反趋势。随着月份的变化，各 MODIS 数据也呈现明显的季节变化，但总体空间格局相对一致，局部区域由于物候时间的差异呈现一定的波动变化。植被指数、夜间地表温度和蒸散数据在研究区相对完整，白天地表温度数据略有缺失，而反照率数据有明显的缺失，综合来看，在秋季各产品的数据有效率最高，基本能够获取覆盖全域的完整数据。比较不同 MODIS 数据在各等级石漠化之间的差异，夜间地表温度在各等级之间的变异系数最大，白天温度则变异最小；并且，各数据秋季时在不同等级石漠化之间的变异程度更大，有利于石漠化分级识别。随着石漠化等级的依次递增，所有 MODIS 数据都没有表现出明显的梯度变化，仅在部分石漠化等级变化表现出一定的梯度规律，无石漠化、重度石漠化和极重度石漠化的变化规律更为复杂，可能受到其他喀斯特自然地理要素的影响。为了准确而快速地进行石漠化制图，建议选取秋季的数据产品作为主要的数据源，未来还需要综合各 MODIS 数据产品，以植被指数为基础，发挥地表温度对石漠化变化更高敏感度的作用，综合反照率和蒸散数据，构建对应石漠化梯度等级的综合指数，进行石漠化快速监测。

2.1　遥感提取石漠化信息背景及存在问题

　　中国喀斯特面积约为 $3.44 \times 10^6 \text{km}^2$，约占中国国土面积的 36%，约占世界喀

斯特总面积 $22 \times 10^6 km^2$ 的 15.6% （Jiang et al., 2014）。我国连续分布的喀斯特区域主要分布在贵州省、云南省、广西壮族自治区、重庆市、四川省、湖南省、湖北省和广东省等区域，是世界上最广泛和最发达的喀斯特地貌之一 （Wang et al., 2004a；Xu et al., 2013）。在气候变化背景下，以碳酸盐的连续分布为主的喀斯特地貌使其成为国家的生态脆弱区 （Sweeting, 1995）。石漠化的发生和加剧，带来了诸多负面环境影响，包括耕地资源流失、水资源减少、土壤侵蚀以及生物多样性减少；与此同时，地区人民的社会经济收益也受到了损害 （Wang et al., 2004a）。为了有效控制石漠化并评估石漠化治理工程的效果，迫切需要准确描述不同喀斯特石漠化等级的空间分布格局及其动态特征，以作为当前喀斯特石漠化恢复及区域可持续发展的基础。

遥感技术由于其大范围获取空间信息的能力，成为石漠化制图的主要技术手段 （Zhou, 2001；Huang and Cai, 2007；Liu et al., 2008；Li et al., 2009；Bai et al., 2013）。自然界中任何地物都具有其自身的电磁辐射规律，不同地物由于物质组成和结构不同具有不同的反射光谱特性。植被及土壤的覆盖率和基岩暴露率是石漠化分级的基本依据，所谓石漠化的分级，就是在一定的单元内根据不同的土壤、岩石和植被等组分的比例进行石漠化的等级划分 （袁道先和蔡桂鸿, 1988；王世杰, 2002；李阳兵等, 2004；熊平生等, 2010）。不同石漠化强度，其基岩裸露率、植被覆盖率和土壤覆盖率不同，在遥感影像中对不同的石漠化强度将产生不同的光谱值，这便是遥感数据能够成为石漠化分级依据的基本出发点。

不同时期太阳辐射、气候、植被覆盖、土壤水分等环境因素的变化，造成地物在不同时间内光谱和空间特征具有明显差异。反映在遥感影像上，各地物因成像季节和日期不同表现出色调和几何特征上的差别。因此，根据光谱特征的时间效应，分析地物的季相变化规律，选择信息量最丰富、时相特征明显的影像，才能达到影像增强和特征信息提取的最佳效果。然而，喀斯特地区地表起伏大，地物破碎，不同季节的太阳高度角不同，造成遥感成像的阴影不同，容易对影像的成像效果造成影响 （岳跃民等, 2011）；并且，喀斯特地区多云雨，也影响遥感影像的有效性 （刘洪利等, 2003）。例如，位于西南地区连续一年的 23 景 Landsat 8 影像 （图 2-1），一年基本无云的 Landsat 8 影像仅有 3 景，有效影像数据的不足对石漠化的制图造成了很大的困难。

遥感影像的时间分辨率和空间分辨率是一个矛盾，往往高时间分辨率的影像其空间分辨率较低，反之亦然 （聂建亮等, 2011）。考虑到西南地区的地形和气象特征，选取具有短重复周期、高时间分辨率又有一定空间分辨率的遥感影像作为数据源，能够获取足够多的数据量，从而有助于进行石漠化的信息提取和分级制图。中分辨率成像光谱仪 MODIS （搭载了 Terra 和 Aqua 等两颗卫星） 是美国

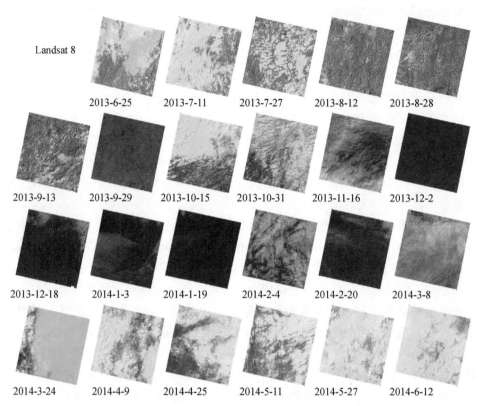

图 2-1　西南地区同一区域 Landsat 影像一年示意图

图为真彩色合成，白色代表云量，日期格式为年–月–日

地球观测系统的重要仪器，其产品最大空间分辨率为 250m，每日/两日可获取全球数据。MODIS 卫星有 36 个离散光谱波段，光谱范围宽，可提供反映陆地表面状况的多种数据产品（Remer et al., 2005），因此，有望成为石漠化监测的重要数据依据。

石漠化分级依据之一就是植被覆盖度（Li et al., 2009；Xu et al., 2015），因此，MODIS 产品中表征植被覆盖度的归一化植被指数（normalized difference vegetation index，NDVI）可以有效进行石漠化制图（靖娟利和王永锋，2015）。位于广西喀斯特地区的案例研究表明，随着石漠化等级由重度到潜在的依次降低，平均 NDVI 数值逐渐增加（陈燕丽等，2014）。然而，研究也发现同一石漠化等级内部的 NDVI 数值波动范围较大，这可能有以下三方面的原因：①NDVI 受到土壤、地形和大气等背景的影响，在喀斯特地区与植被覆盖度的相关性有所降低（陈燕丽等，2014）；②石漠化的分级是植被、土壤和基岩等地物特征的综合评估结果，单单依靠 NDVI 为代表的植被特征还难以进行石漠化的分级（Xu et al., 2015）；③植被的季相变化，致使喀斯特地区出露于地表的岩石一段时间被掩盖，造成隐性石漠化。当然植物枝叶凋落，草本枯萎，出露于地表的基岩可能才暴露出来，体现出石漠化景观（孙凡等，2012）。

有鉴于此，本研究应用包括反照率（albedo）、地表温度（land surface temperature，LST）、植被指数（NDVI）和蒸散（evapotranspiration，ET）4 种表征陆地表面特征的 MODIS 数据产品，分析上述产品在喀斯特地区的时空分布特征，研究其与不同石漠化等级的关系及其指示作用。

2.2　黔桂喀斯特山区概况

本研究选取的黔桂喀斯特山区，主要参考《中华人民共和国国家自然地图集》（中华人民共和国国家地图集编纂委员会，1999）中的华南喀斯特地形图及亚洲喀斯特地形分布图，覆盖峰林、峰丛和洼地等主要喀斯特地貌类型。该区覆盖贵州和广西的大部，面积约为 21.41 万 km^2，位于 22°8′54″N ~ 28°12′27″N，104°18′27″E ~ 110°20′40″E（图 2-2）。水系为长江和珠江上游的支流，包括三岔河、鸭池河、清水江、南盘江、红水河、柳江、郁江和黔江等众多支流。海拔从西北向东南逐渐降低，范围为 0 ~ 2848m，山地多，平地少，地势以中小起伏的山地类型为主；地形从中山丘陵逐步过渡到低山盆地；喀斯特地貌类型从贵州高原的峰丛地貌，逐渐过渡到广西丘陵平原的峰林地貌。行政区划上包括贵阳市、六盘水市、安顺市和河池市等地区的全部，黔西南布依族苗族自治州、黔南布依族苗族自治州、毕节市、百色市、柳州市、来宾市、贵港市、崇左市和南宁市等

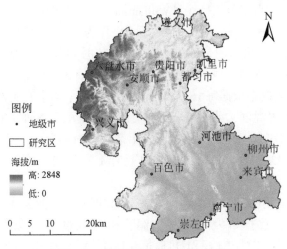

图 2-2　黔桂喀斯特山区分布范围

地区的大部，以及铜仁市、遵义市和黔东南苗族侗族自治州等地区的小部。该区属亚热带季风湿润气候，年均降水量为 800～1900mm，年均温度为 9～23℃。作为中国石漠化分布的最严重区域，各类型石漠化皆有分布，是石漠化与影响因子关系研究的典型区。

2.3　MODIS 产品及数据处理方法

依据黔桂喀斯特山区所在位置，覆盖研究区的 MODIS 产品为 h27v06 和 h28v06 两景影像。为对应获取的喀斯特石漠化分布时间，MODIS 数据选择时间也为 2016 年，其中反照率、地表温度和植被指数产品均为 C6 版本，均免费下载自 https：//ladsweb. modaps. eosdis. nasa. gov/；蒸散（ET）数据由蒙大拿大学密苏拉分校的地球动态数值模拟研究组所生产，因该数据集最长时间年限为 2014 年，因此，本研究选择 2014 年的数据作为表征，下载自 http：// files. ntsg. umt. edu/data/NTSG_ Products/MOD16/，具体介绍如下。

反照率（albedo）采用的是 MCD43A3 数据，该数据为 Terra 和 Aqua 等两颗卫星数据的融合产品，时间分辨率为 1 天，空间分辨率为 500m，1 年共有 365 景影像。MCD43A3 数据是基于二向反射分布函数 BRDF，应用 16 天的数据计算修正最终的每日数据（Lucht et al.，2000；Schaaf et al.，2002）。该数据包括 7 个窄波段和 3 个宽波段（可见光波段 0.3～0.7μm、近红外波段 0.7～5.0μm 和全覆盖的短波波段 0.3～5.0μm）的黑空反照率（black sky albedo，BSA）及白空反照率（white sky albedo，WSA）。白空反照率数据的生成条件为各向同性的照明环境，使得该数据没有高度角依赖性（Williamson et al.，2016）。因此，本研究选择白空反照率的全覆盖短波波段（0.3～5.0μm）作为地表反照率的表征。

地表温度（LST）采用的是 MOD11A2 数据，时间分辨率为 8 天，空间分辨率为 1km，1 年共有 46 景影像。其中，4 月和 10 月有 3 景数据，其余月份有 4 景数据。MOD11A2 数据是依据每 16 天的地表温度数据平均进行生产，包括了白天地表温度和夜间地表温度，上述两个数据均被选取应用于本研究中。

植被指数（NDVI）采用的是 MOD13Q1 数据，时间分辨率为 16 天，空间分辨率为 250m，共 23 景数据。其中，10 月只有 1 景数据，其余月份皆包括 2 景影像。

蒸散（ET）采用的是 MOD16A2 数据，该数据基于彭曼公式，结合植被覆盖率、反照率等遥感数据以及气压、气温、相对湿度等气象信息进行计算。MOD16A2 数据包括蒸散（ET）、潜热通量（LE）、潜在蒸散（PET）和潜在潜热通量（PLE），本研究采用蒸散（ET）数据。数据集时间分辨率包括 8 天、每月和每年，每月和每年数据依据 8 天数据进行合成。本研究直接采用时间分辨率为每月的数据，其空间分辨率为 1km，共 12 景数据。

利用 MRT（MODISRe-projection Tool）完成 MODIS 数据的投影转换、影像重采样以及影像镶嵌等操作。为了有效进行不同产品之间的比较，同时与石漠化的空间分布格局进行比较，对各 MODIS 产品按月进行合成，其中，反照率和地表温度数据采用平均值方法进行合成计算，植被指数数据应用最大值合成方法进行合成，对整月都缺失数据进行线性趋势预测，按照该月份相邻两个月的平均值插补。

本研究采用 2018 年国家林业局官方发布的《中国·岩溶地区石漠化状况公报》数据，该数据将石漠化强度等级分为无石漠化、潜在石漠化、轻度石漠化、中度石漠化、重度石漠化和极重度石漠化 6 个等级，上述 6 个等级分别表示了石漠化逐渐发生恶化的演替阶段，即为退化程度依次递增的 6 个石漠化等级。应用 ArcGIS 10.1 平台进行数字化提取和空间坐标校正，获取研究区的石漠化空间分布格局。

2.4 黔桂喀斯特山区 MODIS 产品的时空分布

2.4.1 黔桂喀斯特山区反照率时空分布

根据 MODIS 的反照率产品 MCD43A3 每月均值合成的结果（图 2-3），发现该数据在黔桂喀斯特山区有较多数据的缺失，但不同月份差异较大，夏季（6～9月）缺失最为严重，而秋季（9～11月）数据基本完整。在春季，研究区东南部的数据有较多的缺失，东北部区域也有少量的缺失，数据有效率在 60%～70%；到了夏季，在各个区域都有数据的缺失，图中呈现较多的空白区域，在 6～7月，数据有效率甚至低于 50%；相比之下，在秋季反照率数据基本完整，少有数据的缺失，10 月的数据有效率超过了 99%，达到 99.53%；到了冬季，12 月的反照率基本完整，但是 1 月和 2 月有较多缺失，有效率分别仅为 77.97% 和 71.06%。

从时间变化来看，黔桂喀斯特山区在 2 月的反照率最低，平均仅为 0.108，随着时间增加，反照率呈现逐月增加的趋势，4 月平均值超过 0.120；反照率随后迅速增加，在 7～8月达到了最大值，分别约为 0.140 和 0.139；之后随着月份增加，反照率逐渐下降，当进入 12 月时，反照率迅速下降，已经低于 0.115。比较每个月内数据的变异程度发现，不同月份之间变化不大，各月份变异系数在

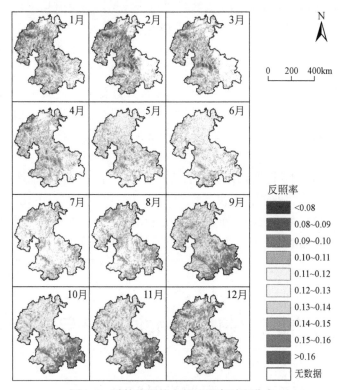

图 2-3　黔桂喀斯特山区反照率时空分布

15% ~ 18% 。

从空间分布上看，各月份的反照率空间分布差异相近，总体上，呈现西北低、东南略高的格局；在局部区域范围内，平地的反照率数值高而山地区域低。以 9 月的反照率为例，位于研究区东南部的南宁市和柳州市等相对平坦的区域，反照率多大于 0.20，最高的区域超过 0.30，而在西北的六盘水市等区域反照率多在 0.10 ~ 0.15，最低的区域低于 0.05，同时，分布在河池市的山区反照率也很低，多数低于 0.10。

2.4.2　黔桂喀斯特山区植被指数时空分布

分析植被指数的数据（图 2-4），发现 MOD13Q1 数据完整，并没有缺失，可充分用于分析黔桂喀斯特山区的植被覆盖分析。1 ~ 3 月的植被指数数值较低，其中，3 月的植被指数是全年 12 个月中的最低值，平均值仅为 0.432；随着月份的增加，植被指数呈增加趋势，4 月植被指数超过 0.5，6 月植被指数超过 0.6；

7～9 月，植被指数为全年最大的时段，皆超过 0.7，其中 8 月的植被指数平均值最大，达到了 0.765；在此之后，随月份的增加，植被指数数值逐渐降低，到 12 月降到了 0.545。相反地，植被指数的数值变异程度呈现相反的变异程度，1～3 月的植被指数变异系数超过 25%，数值差异较大，但是，8～10 月的变异系数在 10%～15%，区域之间的数值差异较小。

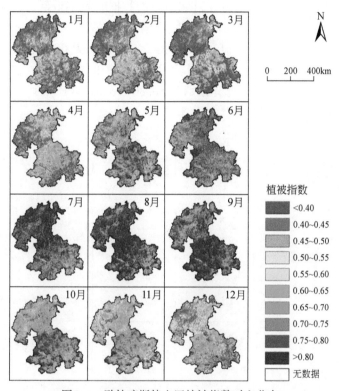

图 2-4　黔桂喀斯特山区植被指数时空分布

　　总体上，黔桂喀斯特山区的植被指数呈现南高北低的格局，除了最东南角相对较低，中南和西南区域的植被指数较高，西北部的植被指数相对较低。同时，随着植被指数随季节发生变化，上述空间分布格局也呈现一定的差异。例如，6 月贵州最北部的区域植被指数高于全区的多数区域，达到了 0.8 左右，远高于这个月份区域的平均水平 0.616；而在 7 月，全区的植被指数都较高，但是北部多数区域的植被指数高于南部区域，也多在 0.8 左右，而南部还有部分区域的植被指数在 0.6～0.7，这可能与区域的物候差异有关，北部的部分植被生长速率更快，植被覆盖度更早达到最大值。

2.4.3 黔桂喀斯特山区地表温度时空分布

比较白天和夜间的地表温度（图 2-5 和图 2-6），夜间地表温度数据较白天数据更为完整，基本没有数据缺失，而白天数据在春季和夏季有少量的数据缺失，尤其是夏季，白天地表温度数据 6 月和 7 月的数据有效率最低，分别为 93.83% 和 95.35%，总体上看，黔桂喀斯特山区的地表温度数据有效性较高。对比每月白天和夜间的地表温度差，大概在 7~11℃，全年的白天和夜间的平均地表温度分别为 23.92℃ 和 15.10℃。从不同月份上看，春季的昼夜地表温差较大而夏季的温差较小，3~5 月的昼夜温差分别为 10.80℃、10.18℃ 和 11.43℃，而 6~8 月的温差分别仅为 7.75℃、7.20℃ 和 7.89℃。

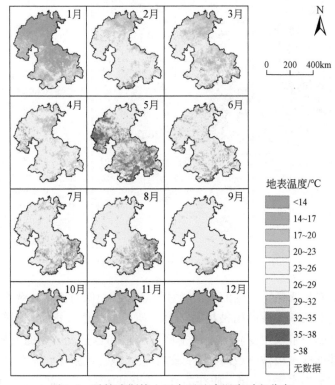

图 2-5 黔桂喀斯特山区白天地表温度时空分布

黔桂喀斯特山区的地表温度呈现明显的时间变化特征，白天和夜间地表温度都是在 12 月为最低，分别为 15.13℃ 和 7.07℃，1 月两者温度也很低，分别仅为 16.77℃ 和 8.28℃；随后，地表温度迅速回升，白天地表温度在 2~4 月超过

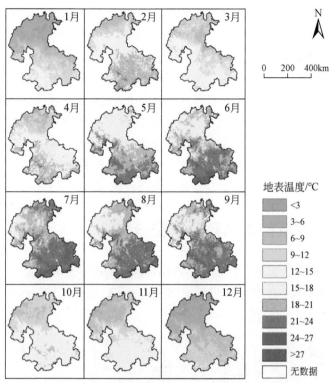

图 2-6　黔桂喀斯特山区夜间地表温度时空分布

20℃。5 月已经接近 30℃，达到 29.94℃，为全年最大值，相比而言，尽管夜间地表温度也迅速回升，5 月温度已经达到 18.51℃，但还没有达到全年最大值。到了夏季，白天地表温度略微有所下降，6～8 月温度在 28℃上下，而夜间的温度略微有所增加，6～8 月的平均温度在 20℃左右，并且在 7 月达到全年最大值，为 20.97℃；进入 9 月，地表温度开始下降，白天和夜间温度分别下降为 26.72℃和 19.98℃，随着月份增加，温度迅速下降，10 月和 11 月的白天地表温度分别为 22.39℃和 20.73℃，而夜间温度也分别降到了 13.28℃和 11.21℃。尽管地表温度空间差异明显，但是数值之间差异较小，变异系数都只在 1%左右。

可以看出，尽管白天和夜间地表温度随时间的变化情况类似，但是夜间比白天的峰值出现得晚（白天和夜间峰值分别出现在 5 月和 7 月），这可能与区域植被覆盖的时空变化有关。在 5 月，研究区植被覆盖相对较低，此时尽管空气温度没有达到最高，但是太阳能够更多地直射地表，导致地表温度迅速增加，到了夏季进入植被的生长季，地表覆盖远大于 5 月，地表温度不至于迅速地攀升，因为植被覆盖的调节作用，夏季温度略低于 5 月。相比之下，夜间的地表温度尽管也受地表覆盖情况的影响，但更多的是与空间温度变化趋势相近。

在空间分布上，白天和夜间地表温度呈现相似的格局，即为南高北低，但在局部区域略有差异。以 5 月的白天和夜间地表温度为例，地表温度的高值主要分布在该区西南角的广西南宁市附近，白天地表温度多高于 33℃，夜间地表温度多高于 22℃，远高于区域平均值（白天和夜间地表温度均值分别是 29.94℃ 和18.51℃）；而低值分布在该区的北部，但白天地表温度低值主要分布在东北部的贵州遵义市，多低于 25℃，而夜间地表温度低值主要分布在西北的贵州六盘水市，多低于 13℃。同时，该区中部的广西河池市和百色市等区域白天地表温度较低，约在 26℃左右，低于贵州西南区域的温度，但是夜间地表温度在全区相比处于平均范围，约在 20℃上下，多高于贵州各区域的地表温度。

2.4.4　黔桂喀斯特山区蒸散时空分布

应用 MOD16A2 数据分析黔桂喀斯特山区蒸散的时空分布特征（图 2-7），发现该数据有效率很高，水体和建设用地等区域为不计算的无数据区域，其余区域皆有数据。随着时间的变化，研究区的蒸散也呈现显著的变化，冬季的蒸散值最

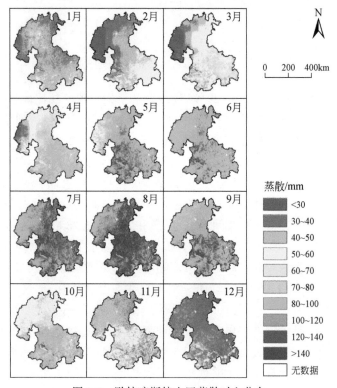

图 2-7　黔桂喀斯特山区蒸散时空分布

低，在 40mm/月左右，其中，12 月达到最低值，为 37.65mm。随着春季到来，区域蒸散逐渐增加，到 5 月，蒸散值已经增加到 99.19mm。夏季的蒸散值为全年的峰值，其中，8 月达到全年最高，为 125.15mm。到了秋季，蒸散逐渐减少，到 11 月时，平均蒸散值已经降为 49.53mm。

黔桂喀斯特山区的蒸散呈现南部高、西北低的空间分布格局，随着月份的变化，总体上区域的空间分布差异变化较小。该区中南部的山地区域为蒸散高值的主要分布区域，如 8 月全区蒸散值最大，位于中南部的百色市蒸散值多在 180mm 左右，远高于该月份的区域平均值 125.15mm。西北部多是低值分布区域，在 8 月该区域蒸散值仅在 100mm 左右，远低于区域平均值。同时，研究区的东北部在多个月份的蒸散也较低，尤其是 10 ~ 12 月，该区域明显低于其他区域，如全区蒸散值最低的 12 月，东北区域的蒸散值多在 30 mm 左右，低于区域平均值。

2.5 黔桂喀斯特山区 MODIS 产品与石漠化的关系

2.5.1 黔桂喀斯特山区 MODIS 产品在不同等级石漠化的分布

应用黔桂喀斯特山区石漠化空间分布范围（图 2-8）可以发现，研究区喀斯特地貌分布广泛，不同等级的石漠化皆有分布，且空间分布差异复杂。依据喀斯特石漠化的空间分布，提取上述 MODIS 产品的空间范围，并按照不同分级石漠化，应用 ArcGIS 10.1 的 zonal statistics 功能进行区域统计，分析不同等级石漠化下，各 MODIS 产品随时间的变化及差异（图 2-9）。

图 2-8　黔桂喀斯特山区石漠化空间分布

　　尽管不同 MODIS 数据产品在一年内随月份的变化呈现不同的变化规律，但是，同一 MODIS 数据在不同石漠化等级下的变化趋势基本保持一致，并且与整个区域数据随时间变化的规律是相同的。总体来讲，反照率都呈现单峰值的变化趋势，而植被指数（NDVI）、地表温度和蒸散表现出一定程度的双峰值变化趋势。除了白天地表温度最高峰值出现在 5 月外，其余产品的最高峰值都出现在夏季。

　　在不同等级石漠化下，分析随时间变化相应的反照率变化趋势［图 2-9（a）］，无石漠化等级的反照率高于其余等级，无石漠化等级变化曲线较为明显地居于其他等级变化曲线的上方，如 7 月无石漠化等级的平均反照率达到了0.142，而排在第二的轻度石漠化等级的反照率下降到了 0.137，最低值的极重度石漠化等级反照率为 0.132。相比之下，潜在石漠化的曲线基本位于各等级石漠化的最下方。此外，不同等级石漠化的反照率在冬季差异更大，各等级反照率平均值的变异系数超过了 4%，2 月达到 4.45%，而不同等级在夏季的反照率差异较小，变异系数低于 3%。

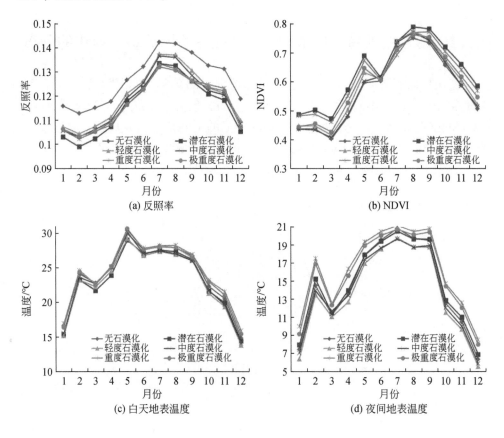

(a) 反照率　　　　　　　　　　　　(b) NDVI

(c) 白天地表温度　　　　　　　　　(d) 夜间地表温度

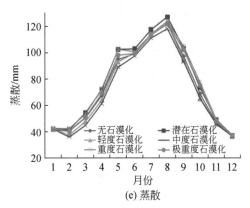

(e) 蒸散

图 2-9　不同等级石漠化随月份增加的反照率、植被指数、
白天地表温度、夜间地表温度和蒸散

NDVI 的时间变化曲线在不同石漠化等级之间呈现一定的差异 ［图 2-9
（b）］，无石漠化、轻度石漠化和中度石漠化等级的双峰曲线并不明显，其余等
级的石漠化则呈现较为明显的双峰特征。比较发现，潜在石漠化的 NDVI 曲线略
高于其余等级的曲线，8 月时 NDVI 达到最大值，该等级石漠化的平均 NDVI 达
到了 0.791，最低的无等级石漠化为 0.752。不同石漠化等级之间的 NDVI 差异随
月份变化也呈现明显的差异，春冬季节的差异程度最大，其中，4 月的 NDVI 变
异系数达到了 7.21%；在夏季，不同等级石漠化的 NDVI 变异系数最低，8 月变
异系数仅为 1.70%。

对比白天和夜间地表温度在不同等级石漠化下随时间的变化差异 ［图 2-9
（c）和图 2-9（d）］，白天地表温度最高峰明显出现在 5 月，但是夜间地表温度
的高峰值并不明晰，整个夏季的温度都较高。分析不同石漠化等级之间的差异，
重度石漠化和极重度石漠化等级的曲线位于其他等级的上方，尤其是夜间地表温
度，上述两个等级石漠化与其余等级石漠化的曲线差距较大。例如，9 月，重度
石漠化和极重度石漠化的夜间地表温度达到最大值，分别为 20.82℃ 和 20.47℃，
而轻度石漠化和中度石漠化的温度分别仅为 18.79℃ 和 18.99℃，明显低于前两
个等级。比较白天和夜间地表温度的变异系数还发现，不同等级石漠化的白天地
表温度变异程度明显低于夜间地表温度，两者都是冬季的变异系数最大，白天和
夜间地表温度的变异系数最大值都出现在 12 月，白天地表温度变异系数为
5.62%，而夜间则高达 17.13%。从图 2-9（c）和图 2-9（d）也可以看出，不同
等级石漠化的白天地表温度曲线相近，重合程度较大，夜间地表温度不同等级之
间的曲线有一定程度的分离。

黔桂喀斯特山区的蒸散时间变化曲线在不同石漠化等级之间呈现一定的差异

［图2-9（e）］，无石漠化、轻度和中度石漠化等级的双峰曲线并不明显，其余等级的石漠化则呈现较为明显的双峰特征。不同石漠化等级之间，潜在石漠化的蒸散相对较大，曲线多位于其余等级曲线的上方，中度石漠化的蒸散相对较小，多位于其余曲线的下方。例如，各曲线达到峰值的8月，潜在石漠化的平均蒸散值为127.45mm，远高于中度石漠化的平均蒸散值118.47 mm。在不同等级之间的蒸散差异程度相对较小，高值主要出现在2~5月和1月，这些月份的平均变异系数在5%~7%，而夏季，变异系数则低于2%。

2.5.2 MODIS产品对石漠化制图的价值

统计不同等级石漠化下全年平均的反照率、NDVI、地表温度和蒸散，分析各MODIS产品数据对石漠化制图的指示意义（图2-10）。衡量MODIS产品对石漠化制图的价值，可从以下几个方面进行考量：①产品的时空分辨率和数据有效性；②地表特征产品在不同石漠化等级之间的变异程度；③产品随石漠化等级递增所发生的变化规律。下面依据上述3点进行具体分析。

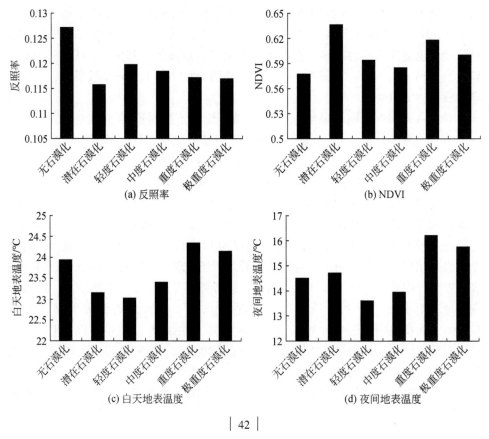

(a) 反照率

(b) NDVI

(c) 白天地表温度

(d) 夜间地表温度

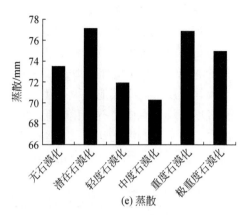

(e) 蒸散

图 2-10　MODIS 产品与不同等级石漠化的关系

第一，NDVI 的空间分辨率高于其余数据产品，达到 250m，而地表温度和蒸散数据的空间分辨率仅为 1km，反照率数据居中，分辨率为 500m。时间分辨率上，反照率产品能够提供连续每天的数据，能够提供更多的地表时间变化规律，地表温度和蒸散数据可以搜集到每 8 天的数据，而 NDVI 数据只有每 16 天的 1 景数据，因此，空间和时间分辨率存在一定的矛盾。特别关注的是数据在喀斯特地区的有效程度，NDVI、夜间地表温度和蒸散数据在月尺度基本完整，可以提供最充足的数据，相反地，白天地表温度有一定的缺失，尤其是反照率数据有较多的缺失，仅在秋冬季数据较为完整。

第二，各数据产品在不同石漠化等级的差异主要通过全年平均数值以及不同月份的差距进行考量。比较全年均值，不同石漠化等级下各数据产品的变异程度上看，夜间地表温度的变异系数最大，达到了 6.86%，不同等级之间的数值差异较大，重度石漠化和极重度石漠化的夜间温度较高，无石漠化和潜在石漠化居中，轻度石漠化和中度石漠化较低。相反地，白天地表温度的变异系数最低，为 2.30%，无石漠化、重度石漠化和极重度石漠化的数值略高于其他三类石漠化。其余数据在不同等级之间的变异系数为 3.5% 左右。再看在不同时间的差异程度，秋冬季节各 MODIS 产品数据在不同石漠化等级之间的差异程度更大，有利于进行石漠化制图。在夏季差异系数相对较小，应用 MODIS 数据进行石漠化分级存在一定的困难。这主要是由于受植被物候的影响，夏季植被生长茂盛，整个研究区陆地表面多为植被覆盖，反而掩盖了真实的地表情况，进入秋季，不同地物类型更容易展示出不同的遥感特征，有利于不同等级石漠化的区分。

第三，随着石漠化等级的依次增加，各产品并没有表现出依次增加或者减少的趋势，这意味着这些产品刻画的整个黔桂喀斯特山区地表特征数值随着石漠化程度的逐渐加剧表现出一定的非线性变化规律。反照率方面，无石漠化的数值远高于其余石漠化等级，但潜在石漠化又是各等级的最低值，从轻度石漠化、中度石漠化、重度石漠化到极重度石漠化，反照率依次降低。NDVI方面，无石漠化等级数值最低，而潜在石漠化最高，轻度石漠化和中度石漠化依次降低，但是重度石漠化和极重度石漠化的NDVI又有所增加。地表温度方面，重度石漠化和极重度石漠化区域的白天和夜间温度都高于其他等级石漠化区域，但无石漠化和潜在石漠化的数值也较高，轻度石漠化和中度石漠化略低。蒸散方面，潜在石漠化数值最高，重度石漠化次之，极重度石漠化列第三，远高于其余石漠化等级的蒸散值，蒸散值从无石漠化、轻度石漠化到中度石漠化依次降低。

2.6　MODIS产品在石漠化制图的前景

随着石漠化等级的增加，基岩裸露程度逐渐增加，理论上认为，反照率将依次增加，植被覆盖度逐渐下降，由于缺少地表覆盖，地表温度也将逐渐增加，而保水能力减弱，蒸散将逐渐下降。然而，地物特征的复杂性和相互影响使得实际上这些地表特征并没有随石漠化程度的增加表现出明显的梯度变化关系，无石漠化等级区域分布有大片的耕地，这些区域NDVI反而低于发生了石漠化的林草地的数值，因此该等级NDVI并不高，蒸散数值也较低。当石漠化发展到重度和极重度等级等严重阶段，生态系统又会发生复杂的变化，地表特征表现出非线性变化规律，在局部区域即便岩石裸露，植被只要有足够适宜的水热条件便可生长，使得在重度和极重度石漠化这两个等级NDVI和蒸散的数值有所增加。

总结上述MODIS产品与不同石漠化等级的关系，反照率数值随轻度、中度、重度和极重度石漠化4个等级的增加，数值依次降低，有较好的指示意义；NDVI和蒸散2个数据产品随着潜在石漠化、轻度石漠化和中度石漠化3个等级的增加，数值依次降低，有较好的相关关系；地表温度随着轻度、中度和重度石漠化3个等级的依次增加，数值依次增加，且重度和极重度石漠化的夜间地表温度数值明显高于其他石漠化等级，也是石漠化分级的重要依据。

因此，虽然各MODIS产品数据没有完全随着石漠化等级等增加发现明显的梯度变化，但对部分石漠化等级仍有明确的指示意义。考虑到各产品数据区域分布差异明显，受到土地利用、地形、岩性、土壤和植被等复杂的喀斯特自然环境要素的影响，需要进一步结合这些因素，研究如何应用MODIS产品数据进行高精度的石漠化制图。

|第3章| 应用面向对象和支持向量机的石漠化自动制图

在区域尺度快速准确地绘制喀斯特石漠化空间分布仍是一种挑战。遥感影像成为大范围石漠化空间制图的重要来源，由于以往研究采用的目视解译技术费时费力，采用自动识别的制图方法成为目前发展与应用的主要方向。遥感影像的自动识别主要可分为基于像元和面向对象等两类方法，由于面向对象与石漠化识别的尺度概念相契合，本研究构建了基于面向对象并结合支持向量机（support vector machines，SVM）的石漠化自动制图方法，并应用 Landsat 7 ETM +遥感影像数据，在中国西南地区选取代表不同喀斯特地貌的三个县（柳江县①、长顺县和镇远县），进行了方法的开发和应用验证（Xu et al., 2015）。喀斯特石漠化分级制图是对一定单元内土壤、岩石和植被的混合对象进行等级划分，本研究基于面向对象的思路，定义石漠化制图单元并确定其绘制思路。基于 ETM +的影像特征，并结合海拔、坡度和归一化的差异植被指数图像等辅助数据，形成石漠化代表特征数据集，再以此形成石漠化分级的制图单元。本研究提出的方法通过尺度参数估计、图像分割、数据采样、支持向量机参数调整和石漠化分级等一系列的参数率定和模块运行，进行石漠化分级绘制。本研究设定了面积加权标准差和局部方差两个指标，对面向对象方法中的参数进行确定，寻找最优的尺度从而实现数据集的合理分割，确定石漠化制图单元，再应用支持向量机方法进行石漠化分级。通过实地验证和目视解译的方法，进行石漠化制图精度评价，柳江县、长顺县和镇远县的石漠化分级结果的总体准确度分别为 85.50%、84.00% 和 84.86%，Kappa 系数分别达到 0.8062、0.7917 和 0.8083。结果表明，本研究提出的方法能够有效进行石漠化快速识别和制图。

---

① 2016 年 3 月，国务院批复柳江县撤县设区，2017 年 1 月 6 日，柳江区正式挂牌成立。根据自治区行政区划调整，2018 年 5 月 31 日，将柳江区里雍镇、白沙镇划入鱼峰区管辖；2019 年 5 月 21 日，将柳江区的流山镇、洛满镇划入柳南区管辖。考虑到原柳江县喀斯特地貌更具典型性，且研究时段内原柳江县还未撤销，因此，本研究选择原柳江县的行政范围，柳江县行政区划包括现有的柳州市柳江区、鱼峰区的里雍镇及白沙镇和柳南区的洛满镇及流山镇。

3.1　石漠化遥感制图主要方法及不足

目前应用卫星影像进行区域石漠化制图主要采用目视解译的方法，石漠化分级的依据主要利用与地物颜色相关的影像特征和斑块大小及空间镶嵌特征等形状要素（Campbell，2002）。同时，石漠化制图还需要对遥感影像的噪声和无效信息进行甄别和剔除，换句话说，通过基于专业知识和判断来识别判读石漠化的信息，进行石漠化的分级制图（Bruce et al.，2003）。遥感解译者经过培训和经验积累，能够有效进行遥感影像的处理，使得目视解译成为可靠的图像处理方法，以往的研究都实现了高精度的石漠化制图结果。

尽管应用遥感影像进行目视解译成为识别石漠化的专用技术，但由于以往研究采用的目视解译技术费时费力，采用自动识别的制图方法成为目前发展与应用的主要方向。目视解译的精度受到解译者专业知识和经验积累的影响，存在一定的主观性，不同的解译者的分类结果往往存在一定的差异。相比于上述目视解译方法的局限性，自动图像解译方法已广泛应用于石漠化的分级绘图，主要包括监督分类方法、机器学习算法、石荒漠化分级指数和光谱混合分解等一系列方法。Huang 等（2009）应用影像的不同波段作为依据，采用最大似然监督分类方法来绘制喀斯特石漠化分布图。陈起伟等（2003）基于不同石漠化等级的光谱特征差异，建立了石漠化提取模型。喻琴（2009）应用 CART 决策树分类方法来提取石漠化的空间分布信息。闫利会等（2009）基于影像光谱特征数据集合，并应用神经网络模型进行不同等级石漠化分类。Landsat TM 图像波段信息计算的 NDVI（Zhang et al.，2011b）和 band5／band4（Tong，2003）也被应用于石漠化的识别。Xia 等（2006）基于光谱混合分解技术引入了植被线的定义和石漠化几何指数，用以绘制石漠化空间分布图。Yue 等（2008a）基于 EO-1 Hyperion 的高光谱遥感数据，应用蒙特卡罗方法和光谱混合分解技术进行石漠化信息的提取。Yue 等（2011）提出了喀斯特石漠化综合指数（karst rocky desertification synthesis indices，KRDSI），用于量化与石漠化相关的非植被土地覆盖类型的光谱特征，从而进行石漠化的识别。

上述自动分类方法皆是以像元为最小研究单元，在像元尺度上进行表征石漠化相关信息的提取，然而，这些信息实质上受到来自周围像元的光谱信息影响。遥感影像出现"同物异谱"和"异物同谱"的现象，从而制约着石漠化制图的精确度和可靠性（Muller et al.，1993；Ivits et al.，2005；Yu et al.，2006；Van de Voorde et al.，2007）。这在喀斯特地区这种海拔梯度明显、地形破碎的区域尤其显著，基于遥感影像像元尺度的石漠化分级方法容易表现出更低的制图精度

（Tong, 2003）。这要求自动分类提取中需要对周围像元特征及其影像进行综合考虑，更好提取区域地物的光谱特征，以提供石漠化制图的精度。

另外，面向对象的方法提供了一种遥感影像解译的新颖思路和方法（Blaschke, 2010）。不同于逐个信息提取的基于像元的遥感影像分析方法，面向对象的影像分析方法是基于一组相似信息的像元集合的研究思路，这个集合为影像对象。更具体地讲，影像对象是指一组在空间分布上相互连接并且具有相似的颜色、大小、形状和纹理等影像光谱特性的像元集合（Tormos et al., 2012）。与传统的基于像元的影像分析相比，面向对象的方法能够对一定范围内的地物特征进行综合提取和分类，使得该影像处理技术日益受到关注和应用（Gamanya et al., 2009; Blaschke, 2010）。关于面向对象和基于像素元这两类方法的比较案例也表明，面向对象的遥感影像分类结果具有更高的分类精度（Willhauck et al., 2000; Yan et al., 2006; Myint et al., 2011; Whiteside et al., 2011）。有关面向对象方法的特点及其应用的详细论述，详细可参考 Blaschke（2010）所发表论文。截至目前，关于面向对象方法在石漠化制图方面的应用鲜有报道，Xiong 等（2009）应用面向对象的方法来进行石漠化制图单元轮廓的自动勾勒，但不同石漠化等级的分离仍然采用人工甄别的方法。因此，如何构建基于面向对象策略的石漠化自动制图方法，仍有很多需要探讨的内容。

喀斯特石漠化的遥感制图，有别于土地利用类型的制图，这并不是对特定的地物进行识别，而是对土壤、岩石和植被的混合对象进行制图。石漠化的分级和制图是针对特定的空间分析单元的，胡顺光等（2010）强调了对石漠化分类中研究尺度的考虑。然而，目前却没有统一的规则来进行制图单元的绘制，研究单元的大小不同往往导致石漠化分级结果的差异（Li et al., 2010）。不同研究中选择不同大小甚至形状的单元来判断石漠化等级（Tong, 2003; Li et al., 2009; Chen and Wang, 2010），这就使得石漠化的分级判别存在较大的不确定性。上述关于研究单元大小和尺度问题在以往的遥感影像解译和石漠化制图中却较少被考虑和探索，亟须深入研究。

面向对象的方法恰恰可以用作石漠化制图单元定义和指定的有效方法。所谓石漠化的对象是一个类似于燃烧迹地（Mitri and Gitas, 2004）或龙卷风破坏区域（Myint et al., 2008）的概念，并不是对特定的地物对象，而是某些具有特殊特征的地物组合。针对石漠化的"对象"就是土壤、岩石和植被的混合对象，因此，任意一个空间上的对象是具有相似植被及土壤覆盖率和基岩暴露率的不同地物的混合类别。因此，本研究的目的就是研发一种快速而准确的石漠化自动制图技术，该方法采用面向对象的策略进行石漠化单元的定义和自动绘制，从而可以考虑制图的尺度问题。基于 Landsat ETM + 图像，并耦合辅助数据，本研究选择长顺县、柳江县和镇远县三个不同的石漠化类型作为典型区，进行该方法的性能测试和适用性分析。

3.2 典型喀斯特县域与数据概况

3.2.1 典型喀斯特县域介绍

长顺县、柳江县和镇远县三个选定的典型县代表不同的喀斯特石漠化景观，并表现出不同的石漠化分布状况。此外，三个地区还具有多样化的地质、气候和植被等自然资源环境和社会经济特征。三者之中，柳江县位于广西，另外两个位于贵州（图3-1），详情如下。

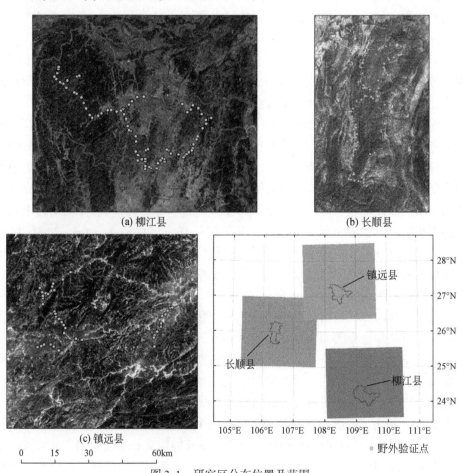

(a) 柳江县   (b) 长顺县

(c) 镇远县

● 野外验证点

图3-1 研究区分布位置及范围

应用中国科学院资源环境数据中心提供的地质地貌、气象、土壤类型和植被类型等基础数据，分析研究区的主要自然要素特征。长顺县为典型喀斯特峰丛洼地景观，位于贵州中部，土地面积达 1543km²，地理范围为 106°13′E~106°38′E，25°38′N~26°17′N。长顺县出露地表的岩石主要以碳酸盐类与非碳酸盐类相间分布。该县海拔为 661~1572m，为中亚热带季风湿润气候区，气候温和，雨热基本同期，年平均降水量为 1250~1400mm，较为充沛但降水分配不均匀，易发生春旱和夏旱。长顺县土壤以黄壤和石灰土为主，紫色土的面积很少，土壤肥力中下等，生产水平不高，但生产潜力较大。区域自然植被非常丰富。长顺县境内共有麻线河、格凸河等 9 条河流，但分布不均，丰缺悬殊。地下水资源比较丰富，但水埋藏较深，不利于开发利用。

镇远县是典型的喀斯特岩溶槽谷地貌，位于黔东南苗族侗族自治州北部、贵州东南部的武陵山区，全县总面积为 1878km²。地理范围为 108°8′E~108°52′E，26°47′N~27°22′N。镇远县位于云贵高原湘西丘陵过渡的斜坡地带，地势西高东低，海拔为 287~1301m。区域地质构造大多为北东向褶皱和断裂，发育了丰富的河谷流域地貌、山地、台地地貌和典型的年轻期喀斯特岩溶地貌类型，坝区、河谷等地貌分布较少。镇远县地处亚热带湿润季风气候区，虽然地处低纬但由于海拔相对较高，气候温凉、夏无酷暑。年平均气温为 16.4℃，年活动积温为 5142℃。年平均降水量达 1058.8mm，降水量较为充沛，但 81.3% 集中于 4~10月，各月降水不是十分均匀稳定。年平均蒸发量为 912.1mm，年相对湿度为 79%，年平均日照时数达 174.2h。县区土壤类型以黄壤、潮土、红色石灰土和黑色石灰土为主，植被类型有马尾松、杉木、柏木等针叶次生纯林，针阔混交次生林，次生常绿落叶阔叶混交林和灌草地。该地区存在土地资源紧张、水土流失日趋严重、矿产资源长期掠夺式开发而渐趋枯竭等若干生态问题。

柳江县为典型的岩溶丘陵景观，位于广西中部，全县土地总面积为 2530km²①，地理范围为 108°54′E~109°44′E，23°54′N~24°29′N。该县地势为东、西、南部高，北部、中部低。县内岩溶漏斗及落水洞极其发育，特别是西部更以岩溶地貌为主，因而易涝易旱。地貌类型主要分为岩溶丘陵、峰丛谷地、峰林广谷和孤峰平原。柳江县山地丘陵地面积占总面积的 70% 以上，海拔为 37~664m。成土母质以石灰岩、砂页岩为主，形成的土壤主要为石灰土、红壤等。柳江县属亚热带季风区，季风环流影响明显，日照充足，雨量充沛，平均降水量大于 1400mm，4~9月降水量占全年80% 以上。气候温度适宜，夏长且炎热，冬短而不寒，年平均气温为 20.4℃；年平均蒸发量为 1419.5mm，年相对湿度为 76%。近几年，

① 该数据为研究时段统计。

由于人口增加，人均耕地不断减少，滥垦现象十分严重，出现土壤植被覆盖率低、抗蚀能力差、水土流失严重等现象。

3.2.2 喀斯特县域遥感影像及辅助解译数据

1. 遥感影像选取与处理

由于 Landsat 系列影响具有相对较宽的覆盖范围和较短的重复周期，比较适合在区域范围内绘制石漠化。因此，本研究采用 Landsat ETM+卫星影像，该遥感影像数据来源于中国科学院计算机网络信息中心地理空间数据云平台（http：//www. gscloud. cn），其中 2010 年影像采用该平台的 SLC- off 模型进行校正。三个典型县所采用的影像条带号、行编号和采集时间等具体研究区影像信息见表 3-1。本研究中使用在 30m 空间分辨率的六个波段，包括可见光、近红外和中红外等。

表 3-1 研究区 Landsat ETM+遥感影像信息

位置	条带号	行编号	采集时间
长顺县	127	42	2010 年 10 月 31 日
镇远县	126	41	2010 年 11 月 9 日
柳江县	125	43	2010 年 11 月 2 日

预处理包括几何校正和大气校正。基于 1：5 万地形图，选择控制点对遥感影像进行几何精校正，其几何校正误差控制在 0.5 个像元以内；为消除不同时相遥感影像大气等因素的影像，对影像进行辐射定标和 FLAASH 校正；预处理之后影像进行 543 波段合成，并通过影像增强等手段提高清晰对比度，数据处理平台为 ENVI 4.8。1：5 万地形图来自中国科学院地理科学与资源研究所图书馆。

2. 辅助数据选择

为了辅助进行石漠化信息的机器学习和识别，除了 Landsat ETM+的波段数据之外，本研究共选取了海拔、坡度和 NDVI 等数据。地形因素与石漠化的分布密切相关，石漠化多发生在地形崎岖的区域（Huang and Cai，2007）。选择 NDVI 则是因为植被覆盖度是判读石漠化级别的依据之一。通过 DEM 数据生成坡度图，海拔数据由中国科学院计算机网络信息中心地理空间数据云平台（http：//www. gscloud. cn）提供。将 Landsat ETM+六个波段数据、NDVI 指数，以及海拔、坡度等地形指数 9 项数据组成数据集（表 3-2）。六个波段数据用作面向对象中图像分割处理的输入数据，进行石漠化制图单元的机器自动勾勒，而所有的 9 项数据皆用于石漠化的分类。

表 3-2 面向对象制图单元勾勒及石漠化制图所使用数据集

光谱特征	植被特征	地形特征
ETM+波段 1 Blue	NDVI 指数	海拔
ETM+波段 2 Green		坡度
ETM+波段 3 Red		
ETM+波段 4 Near Infrared		
ETM+波段 5 Shortwave Infrared		
ETM+波段 7 Shortwave Infrared		

3.3 喀斯特石漠化自动制图方法

本研究提出的基于面向对象并结合支持向量机的石漠化自动制图方法，需要定义喀斯特石漠化的分级体系和依据，接着在此基础上进行石漠化的制图，并对制图结果进行精度评价。这其中石漠化制图方法主要包括两个内容：一是应用面向对象方法，建立最后影像分割度量指标，进行石漠化制图单元的自动勾勒，并确定影像的属性特征集合；二是应用支持向量机方法，根据影像属性特征和不同等级石漠化的典型对象，进行石漠化分级的监督分类和分级制图。3.3.1 ~ 3.3.4节分别对关键步骤进行一一介绍。

3.3.1 石漠化分级体系与标准

对喀斯特石漠化的评价与分级指标体系目前仍未有统一的方案，本研究于基岩裸露率和植被及土壤的覆盖率（Li et al.，2009），建立石漠化强度分级指标体系，将岩溶区分为无石漠化、潜在石漠化、轻度石漠化、中度石漠化、重度石漠化和极重度石漠化 6 个等级（表 3-3）。同时，根据岩性分布图将非喀斯特区域剔除，仅对岩溶区域进行石漠化的分级制图。岩性图来源于南方喀斯特数据石漠化专业数据库。石漠化分级中的轻度、中度、重度和极重度是已经发生石漠化的等级，是相关研究和石漠化综合治理工程的重点。其典型特征可参考图 3-2。

表 3-3 喀斯特石漠化分级标准

石漠化等级	基岩裸露率/%	植被和土地覆盖率/%	分级
无石漠化	0 ~ 20	80 ~ 100	1
潜在石漠化	21 ~ 30	70 ~ 79	2

续表

石漠化等级	基岩裸露率/%	植被和土地覆盖率/%	分级
轻度石漠化	31～50	50～69	3
中度石漠化	51～70	30～49	4
重度石漠化	71～90	10～29	5
极重度石漠化	＞90	＜10	6

(a) 极重度石漠化 (b) 重度石漠化

(c) 中度石漠化 (d) 轻度石漠化

图 3-2 典型喀斯特石漠化识别实地记录

同时，采用 Landsat ETM+影像波段 7、波段 4 和波段 3 进行真彩色合成，对不同石漠化等级进行目视判别，具体特征如下：无石漠化区为比较饱和的绿色，色调均匀；潜在石漠化区基本为绿色调，含少量红紫色斑点；轻度石漠化为绿色中带红紫色或浅色斑块，这些斑块常常为陡坡耕地或裸岩；中度石漠化多为斑杂状影像，绿色斑块与红色斑块相互混杂；重度石漠化总体呈红紫色，其中零星有绿色斑点；极重度石漠化呈现高亮白色或者淡紫红色，色调均一。

除了 6 个石漠化等级外，还有 3 类无须进行石漠化评价的地物，因此，支持向量机分类器中总共划分出 9 个等级。这 3 类地物包括建设用地、水体和裸土地，这三类用地若不做区分而直接放入支持向量机中进行分类，容易混淆分类结果，如建设用地和裸土地容易被划分到极重度石漠化等级，水体也是无植被类别，因此，这些地物被单独识别。在支持向量机初始分类之后，再将这 3 类地物皆归分为无石漠化类别，以绘制最终的石漠化空间分布。

3.3.2　基于支持向量机的石漠化分级方法

本研究选择支持向量机（SVM）算法作为石漠化等级判断的机器自动判别方法。SVM 是监督分类和分级的机器学习算法的重要方法之一，可以更好地解决小样本训练集的问题，目前已经被广泛应用于多个学科和领域（Chang and Lin, 2011）。在本研究提出的方法中，我们使用 LIBSVM 软件包（Chang and Lin, 2011）中的 SVM 代码进行监督分类，同时使用 LIBSVM-farutoUltimate 扩展版在 MATLAB 程序环境中进行 LIBSVM 软件的参数调试，软件可从 http://www.ilovematlab.cn 获得。

SVM 优势主要体现在解决线性不可分问题，为了进行分类，需要将输入空间内线性不可分的数据映射到一个高维的特征空间。通过引入核函数，巧妙地解决了在高维空间中的内积运算，从而很好地解决了非线性分类问题，参考以往的研究，本方法选取了径向基函数（RBF）作为 SVM 的核函数。

SVM 的运转还涉及多个参数的设置和率定，模型的分类精度受到使用参数的影响（Burges, 1998）。应用于 LIBSVM 的 RBF 核函数的两个参数是"惩罚因子"（C）和"核参数"（σ）。C 权衡了核函数的经验风险和结构风险：C 越大，经验风险越小，结构风险越大，容易出现过拟合；C 越小，模型复杂度越低，容易出现欠拟合（Burges, 1998）。σ 影响低维空间中选择的曲线形状，与样本的划分精细程度有关（Huang et al., 2002）。LIBSVM-farutoUltimate 扩展版根据格网的遗传算法，基于训练数据集，使用交叉验证法来对上述的 C 和 σ 两个参数进行率定。

3.3.3　石漠化制图单元最优分割方法

影像分割是面向对象制图和分类的关键步骤，目前已开发了众多的图像分割算法，各具优点（Neubert and Herold, 2008；Neubert et al., 2008）。在本研究中，石漠化制图单元的自动勾勒通过 ENVI4.6 软件版本中的影像分割模块（Feature Extraction Module, 2008）来实现。影像分割过程包括两个步骤：①图像分割；②图像合并。两个步骤分别需要设定一个对应的参数，即分割参数和合并参数，取值范围为 0~100。两个参数数值越大，则图像分割结果越粗糙，面积越大。通过两个参数的设定，需要确保图像分割的结果不会过度分割或过度合并。因此，本研究针对图像分割和合并过程，分别建立了度量指标，从 0 到 100 改变分割参数和合并参数的数值，基于统计变化特征解析，寻找最优分割和合并尺度。

影像分割过程是将一整幅图像进行切割，生成多个多边形对象。该过程应确保感兴趣的特征在每个对象内部是相对均一的，分割水平要防止过度分割，使得被分割多边形对象的内部相对均一。因此，本研究在该阶段将对象的同质性作为度量分割过程的指标。对象同质性被定义为在对应分割水平下的所有对象面积加权标准偏差（WS）的总和，同质性越高，则表明对象内部越均一。随着分割参数的增加，对象的面积在增大，且其同质性在降低，即 WS 在增大。当 WS 曲线突然开始变陡时，表明对象出现了明显的粗分割，本研究设定 WS 曲线发生明显变陡前的分割系数为分割过程的最优参数。WS 的计算公式如下：

$$WS = \frac{\sum_{i=1}^{N} (a_i \times s_i)}{\sum_{i=1}^{N} a_i} \tag{3-1}$$

式中，N 为分割对象的数量；a_i 为每个分割对象的面积；s_i 为每个对象属性特征的标准偏差。

为了评估 WS 的动态变化，本研究进一步计算 WS 的变化率，表示为 ROC-WS，计算公式如下：

$$ROC - WS = \frac{WS - (WS - 1)}{WS - 1} \tag{3-2}$$

式中，WS 为在目标分割水平的面积加权标准偏差数值；WS-1 为在上一个分割水平的面积加权标准偏差数值。

如果分割对象由相近的属性特征形成，则 ROC-WS 随着分割水平的增加而保持较为稳定的增长。当将影像分割为属性特征差异较为明显的对象之时，则所有分割对象的平均同质性将显著降低。本研究认为，ROC-WS 曲线图的显著增加表明该分割对象内部开始出现明显的差异，应该停止分割，陡增前的分割系数为率定的分割过程最优参数，实现了同质对象的有效影像分割。

影像对象的合并过程是对第一个阶段分割对象集合的精炼过程。在完成分割对象的集中还存在相对均匀的对象，在影像合并过程，这些相对一致的对象将被进一步合并，从而，使得整个图像中生成组内同质性和组间异质性更大的对象集合。该过程要防止对象被过度合并，避免产生过度混合的对象。Kim 等（2008）通过推进局部方差（LV）来估计最佳分割对象。LV 被定义为分割对象的平均标准偏差，本研究用以评估每个合并水平上的所有对象的异质性大小，计算公式如下：

$$LV = \sqrt{\frac{1}{N-1} \sum_{i=1}^{N} (m - \overline{m})^2} \tag{3-3}$$

式中, m 为任意一个对象的属性特征值; $\overline{m}$ 为所有对象属性特征值的平均值。

最佳合并水平会发生在曲线变化图陡增之时, Drǎguţ 等（2010）使用局部方差的变化率（ROC–LV）来评估局部方差的变化趋势, ROC–LV 的峰值用以识别面向对象方法的最优分割水平。计算公式如下：

$$ROC - LV = \frac{LV - (LV - 1)}{LV - 1} \tag{3-4}$$

式中, LV 为在目标合并水平的局部方差数值; LV–1 为上一个分割水平的局部方差数值。

应用式（3-1）～式（3-4）, 可进行最优影像分割和合并参数率定, 从而实现了石漠化制图单元的自动勾勒。为了进行公式计算, 需要确定用于计算 WS、ROC–WS、LV 和 ROC–LV 的属性特征类别。基于 Landsat ETM+影像的六个波段反射率数值, 本研究应用 ENVI 的面向对象模块, 计算了包括光谱和纹理等影像属性特征信息, 用以进行影像分割（表3-4）。

表 3-4　影像分割特征选取

类别	指标	具体说明
光谱特征	MINBAND_ x	对象灰度值的最小值
	MAXBAND_ x	对象灰度值的最大值
	AVGBAND_ x	对象灰度值的平均值
	STDBAND_ x	对象灰度值的标准差
纹理特征	TX_ RANGE	卷积核范围内的灰度值范围
	TX_ MEAN	卷积核范围内的平均灰度值
	TX_ VARIANCE	卷积核范围内的灰度值变化
	TX_ ENTROPY	卷积核范围内的灰度值信息熵

3.3.4　制图方法应用与精度评估

本研究以面向对象方法生成的对象作为 SVM 的模型训练和精度评估的单位。SVM 分类作为监督分类方法, 需要训练数据集进行机器的学习和参数率定。考虑样本的空间分布, 本研究采用简单随机采样法选取样本, 构建 SVM 算法的训练数据集, 训练数据集样本量约为影像总样本的 5%。对每个训练样本, 采用目视解译中的方法, 进行 6 个石漠化级别或者建设用地、水体和裸土地等共 9 个类别的识别。同时, 训练数据集还包括部分的野外实地调研数据, 本研究在柳江县、长顺县和镇远县分别收集了 81 个、86 个和 54 个数据。依据表 3-3 中的石漠化分级标准，野外实地调研数据是在约 0.01km² 的面积内进行石漠化等级的现场判定。

石漠化单元制图边界的精度在本研究中并没有进行评估，主要是考虑到目前并没有统一的石漠化制图单元的明确划分标准，而本研究的一大特色就在于基于石漠化分级依据的影像特征信息，应用面向对象的方法实现了大小可变的石漠化制图单元边界划定。因此，本研究专注于石漠化分级的准确性评估。验证数据集基于 SVM 的自动分级结果进行分层随机抽样获取样本，再应用目视解译进行石漠化分解识别。应用于柳江县、长顺县和镇远县的验证数据量分别为 1000 个、800 个和 700 个。

混淆矩阵和 Kappa 统计系数被选择用于石漠化分级结果的准确性评估（Congalton，1991）。混淆矩阵用于分析不同等级石漠化机器自动分级结果与目视解译结果的差异，可分别计算总体精度（OA）（即实现石漠化等级正确判别的数目占整个影像总数目的百分比）、制图精度（PA）和用户精度（UA）。制图精度（PA）指假定地表真实为 A 类，分类器能将一幅图像的像元归为 A 的概率，表示 SVM 将整个影像的像元正确分为石漠化等级的数量与该石漠化类别真实总数的百分比。用户精度（UA）指假定分类器将像元归到 A 类时，相应的地表真实类别是 A 的概率，表示机器判别的某一等级石漠化在实际上是该类别的可能性大小。同时，本研究还计算了 Kappa 系数和各石漠化等级的条件 Kappa（CK）。

3.4 石漠化自动制图结果与精度评估

3.4.1 应用面向对象方法的石漠化制图单元绘制结果

本研究选择柳江县、长顺县和镇远县，展开石漠化自动制图方法的应用与验证。首先，基于 Landsat ETM+ 和辅助数据，进行影像分割，寻找用于石漠化制图单元勾勒的最优尺度参数。在 0 ~ 100 的范围，顺序增加分割水平和合并水平的数值（增加步长为 1），分别计算面积加权标准偏差（WS）及其变化率（ROC-WS）和局部方差（LV）及其变化率（ROC-LV），绘制相应的变化曲线图（图 3-3 和图 3-4）。当分割水平较低时，WS 保持平稳的波动，ROC-WS 数值较小，影像尚处于过度分割的阶段。WS 随着分割水平数值的增加而逐渐增大，而 ROC-WS 也随之增大，通过 ROC-WS 的变化可视化增强了 WS 的变化趋势，有助于寻找突变点和最优分割阈值。因此，变化曲线图中并没有对分割水平较低区间的变化进行绘制，而是重点展示了 WS 呈现迅速增加而 ROC-WS 数值迅速变大的区间变化。按照本研究提出的阈值确定方法，最优分割水平是指在 ROC-WS 曲线中出现了第一次明显的增加、WS 曲线明显开始变陡之前的数值。依据图 3-3 的曲线变化，本研究确定的柳江县、长顺县和镇远县的分割水平分别为 56、61 和 66。

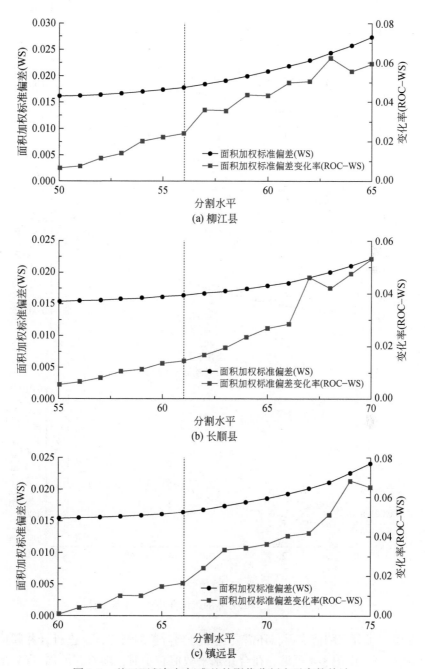

图 3-3　基于面积加权标准差的影像分割水平参数估计

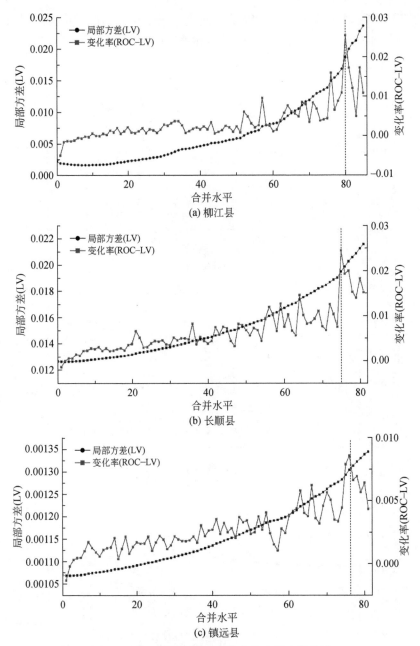

图 3-4　基于局部方差的影像合并水平参数估计

　　在确定了分割阈值之后，还需要进行分割对象的精修订，进行合并阈值的确定（图3-4）。由图3-4可见，在合并水平数值较小时，随着其增加，LV出现了一定程度减少，随后迅速增加而 ROC–LV 则呈现波动变化的整体增加趋势。在合并水平变化过程中，ROC–LV 出现了多个峰值，这些峰值往往意味着分割对象边界与地物实际状况的相对一致性（Drăguţ 等，2010）。按照本研究提出的阈值确定方法，我们将最优合并阈值设置为 ROC–LV 曲线中波峰最大时的数值。最后，确定的柳江县、长顺县和镇远县的合并水平分别为 80、75 和 76。

　　应用上述率定的分割和合并过程的参数，进行影像分割和合并，以生成石漠化分级制图的最优对象。该最优尺度下，影像的属性特征依据石漠化的分级依据进行分割和合并，从而生成了单元内部同质性和外部异质性皆较高的多边形对象集合。制图单元的部分结果如图 3-5 所示，可以看出，在假彩色合成下，分割对象的边界较好地遵循了光谱特征的差异，不同对象之间光谱特征差异明显，属性特征存在明显不同，应进行不同等级石漠化的判别。

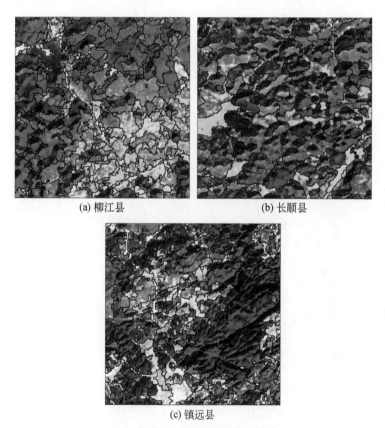

(a) 柳江县　　　　　　　　　　　(b) 长顺县

(c) 镇远县

图 3-5　Landsat ETM+影像分割局部示例

3.4.2 基于支持向量机的石漠化分级

基于面向对象的石漠化制图单元，本研究应用 SVM 进行石漠化分级，结果如图 3-6 所示。可以看出，无石漠化等级面积最大，占据了三个研究区的大部分区域；潜在石漠化、轻度石漠化和中度石漠化的面积相对更大，在研究区的各个区域皆有分布；重度石漠化和极重度石漠化面积相对较小，集中在少数地区。具体分析各县石漠化空间分布的差异如下。

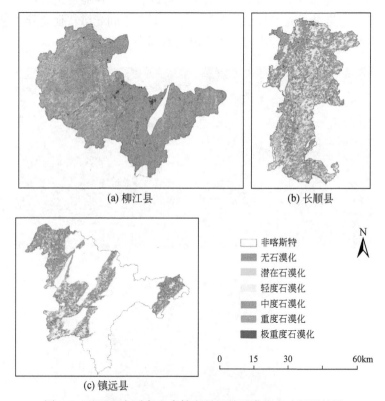

图 3-6   基于面向对象和支持向量机的石漠化自动制图结果

柳江县已发生明显石漠化（轻度石漠化、中度石漠化、重度石漠化和极重度石漠化）的区域面积为 267.23km²，占全县岩溶面积的 10.91%，共占全县面积的 10.56%。已发生明显石漠化土地以轻度石漠化和中度石漠化为主，占已石漠化土地面积分别为 64.44% 和 27.69%，重度石漠化和极重度石漠化土地合占已石漠化面积的 7.87%。未发生明显石漠化（非喀斯特、无石漠化和潜在石漠化）

区域的面积为 2262.77km^2，占全县面积的 89.44%，其中潜在石漠化面积为 766.41km^2。具体而言，轻度石漠化面积为 172.21km^2，主要分布在该县西部的洛满镇、土博镇和里高镇；中度石漠化面积为 74.00km^2，主要分布在该县西部的土博镇、中部的穿山镇、东部的里雍镇；重度石漠化面积为 17.73km^2，主要分布在该县中部的穿山镇；极重度石漠化面积为 3.29km^2，主要分布在该县的中部。

长顺县已发生明显石漠化的面积为 322.70km^2，占全县岩溶面积的 21.29%，共占全县面积的 20.91%。这其中以轻度石漠化和中度石漠化为主，占已石漠化土地面积分别为 53.52% 和 30.80%，重度石漠化和极重度石漠化土地合占已石漠化面积的 15.68%。未发生明显石漠化（非喀斯特、无石漠化和潜在石漠化）面积为 1220.30km^2，占全县面积的 79.09%，其中潜在石漠化面积为 306.00km^2。具体而言，轻度石漠化面积为 172.70km^2，在全县范围均有所分布，成片分布在该县北部的马路乡和改尧镇，中部的中坝乡和南部的敦操乡；中度石漠化面积为 99.40km^2，呈块状分布在东北部的长寨镇和摆塘乡，中部的营盘乡和中坝乡，南部的交麻乡和敦操乡；重度石漠化面积为 45.20km^2，集中分布在中部的威远镇、营盘乡和中坝乡；极重度石漠化面积为 5.40km^2，呈零星分布格局。

镇远县已发生明显石漠化面积为 194.59km^2，占全县岩溶面积的 23.11%，共占全县面积的 10.36%。该县以重度石漠化比重最高，占已石漠化土地面积的 46.20%，而轻度石漠化和中度石漠化比重分别为 28.33% 和 23.97%，极重度石漠化的面积比重仅为 1.50%。未发生明显石漠化（非喀斯特、无石漠化和潜在石漠化）面积 1683.41km^2，占全县面积的 89.64%，其中，潜在石漠化面积为 549.19km^2。具体而言，重度石漠化面积为 89.91km^2，主要分布在该县的中西部和中东部；轻度和中度石漠化面积分别为 55.12km^2 和 46.65km^2，分布在重度石漠化的周围，同时在该县的西北部也有所分布；极重度石漠化面积为 2.91km^2，呈零星分布格局。

3.4.3　石漠化自动制图方法的精度评价结果

本研究采用目视解译方法构建样本数据集，尽管目视解译也存在偏差，但若操作者经过专业的训练和野外的实地调研，可以实现较为可靠的解译精度。目视解译也是大多数石漠化识别研究中使用的常规手段。运用目视解译和机器自动解译的结果，本研究构建混淆矩阵，对三个研究区的 SVM 石漠化分级结果的准确性进行评估。结果表明，柳江县、长顺县和镇远县的总体精度（OA）分别为

85.50%、84.00%和84.86%，Kappa 系数分别为0.81、0.79和0.81（图3-7）。虽然三个研究县代表三种不同的喀斯特地貌，但应用本研究提出的基于面向对象和 SVM 方法，其石漠化分级结果呈现了相似的精度。相比之下，长顺县的石漠化分级结果准确性略低于其余两个县（区），但没有统计上的明显差异。这些都表明本研究的方法适用于不同类型喀斯特地貌的石漠化分级制图，表明了本研究所提出石漠化快速方法的可靠性。

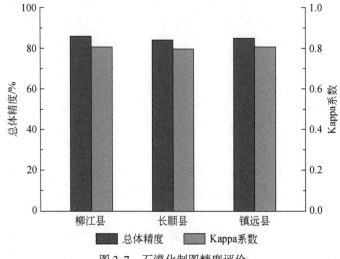

图 3-7　石漠化制图精度评价

分析不同石漠化等级的精度，表3-5中显示了每个石漠化等级的用户精度（UA）、制图精度（PA）和条件 Kappa 系数（CK）。在不同研究县之间，镇远县的重度石漠化等级的 CK 值比其他两个县更高，达到了0.83，实现了很高的分类精度；而其他不同等级类型的石漠化，三个研究区的分级精度并没有显著差异（表3-5）。对于不同等级的石漠化，可以发现，面积比重更大的石漠化类型具有较高的分类精度。无石漠化等级的分级精度最高，柳江县、长顺县和镇远县的 CK 分别为0.93、0.87和0.91，UA 分别为96.32%、92.16%和94.34%，皆是各等级中的最高值。值得注意的是，无石漠化等级的 PA 反而低于部分石漠化等级，这说明，某些无石漠化区域被 SVM 误分为发生石漠化的区域，从而导致无石漠化等级的制图精度降低，但是，较高的 UA 值表明若某一对象单元被 SVM 划分为无石漠化等级，则被误分为其他等级石漠化的概率是很低的。

表 3-5　石漠化制图精度统计参数特征

石漠化等级	柳江县			长顺县			镇远县		
	制图精度/%	用户精度/%	条件Kappa系数	制图精度/%	用户精度/%	条件Kappa系数	制图精度/%	用户精度/%	条件Kappa系数
无石漠化	82.25	96.32	0.93	87.85	92.16	0.87	79.05	94.34	0.91
潜在石漠化	91.89	81.73	0.78	80.00	80.00	0.76	82.11	84.78	0.82
轻度石漠化	71.88	84.56	0.82	75.00	83.48	0.80	80.16	81.45	0.77
中度石漠化	97.22	72.92	0.70	76.70	79.00	0.76	93.86	76.43	0.72
重度石漠化	95.24	76.92	0.75	88.41	76.25	0.74	95.24	85.11	0.83
极重度石漠化	100.0	72.22	0.71	100.0	72.97	0.71	100.0	73.68	0.73

　　比较其他等级的石漠化类型，潜在石漠化和轻度石漠化等分类精度略有下降，三县的 PA 和 UA 平均值在 80% 左右。柳江县、长顺县和镇远县三个研究区潜在石漠化的 CK 为 0.78、0.76 和 0.82，轻度石漠化的 CK 也与之相近，分别为0.82、0.80 和 0.77。相比而已，除了镇远县的重度石漠化等级的 CK 较高外，三县在中度石漠化、重度石漠化和极重度石漠化的分类结果精度相对低于其他三个石漠化等级，CK 值在 0.70～0.75 的范围。此外，三个研究区中极重度石漠化的PA 均为 100%，而 UA 分别仅为 72.22%、72.97% 和 73.68%。这说明极重度石漠化由于基岩裸露，其光谱特征与其他等级石漠化差异性较大，因此，容易被SVM 识别，因此，PA 达到了 100%，表明所有极重度石漠化都被本研究提出的方法所提取，但是其他类别的石漠化等级区域也存在部分被错分为极重度石漠化等级，导致极重度石漠化的 UA 较低。中度石漠化和重度石漠化的 PA 和UA 之间的差距也大多表现出与极重度石漠化的类似特征。无论如何，各等级石漠化的 PA 和 UA 皆高于 70%，CK 皆大于 0.70，实现了较高的石漠化分级结果，进一步说明，使用面向对象和 SVM 的方法对于石漠化自动制图是准确和有效的。

3.5　石漠化自动制图方法的优缺点及应用前景

　　目前已经有众多研究开始尝试使用高分辨率或多光谱遥感影像进行石漠化分级制图。由于喀斯特地形垂直分布明显、地块破碎，地表覆盖情况复杂，要实现更高精度的石漠化分级制图仍然是一个挑战。在像元或亚像元的石漠化制图方法中，像元是处理和分析的最小单元（Tong，2003；Xia et al.，2006；Yue et al.，

2008a；闫利会等，2009；喻琴，2009），而不是实际地表特征相对均一的单元。相比之下，面向对象的方法可以按照影像的特征进行制图单元的勾勒，划定不同属性特征的多边形结合，从而提供了类似人工勾勒的更接近真实的视觉外观效果（Stuckens et al，. 2000）。

为了获得更好的制图单元边界效果，基于像素的方法需要进行像元合并（Tong，2003；Chen and Wang，2010）或滑动窗口平滑（喻琴，2009）等后处理方法，以消除制图的锯齿效果。在一定程度上，基于像元的制图单元主要取决于遥感影像的空间分辨率大小，而目视解译的单元勾勒则存在较为明显的主观判断和选择。因此，这都容易产生制图的不确定性。相比之下，本研究提出的石漠化自动制图方法是一种依据影像特征和机器算法的客观方法。该方法按照石漠化分级标准，应用影像的属性特征进行制图单元的绘制。通过对最佳分割和合并尺度的定量估计，本研究进行了面向对象的影像分割。因此，本研究提出方法划定的对象是根据最大化单元内部同质性和单元外部异质性原则，最终生成石漠化制图的可变单元（Blaschke，2010）。

根据目视解译和机器识别的精度评价结果表明，本研究提出的方法实现了石漠化较为可靠的分级制图，具有较高的 OA 和 CK，但也存在一定的偏差。这些偏差主要来源于相近等级石漠化之间的更为接近的光谱特征。无石漠化、潜在石漠化、轻度石漠化、中度石漠化、重度石漠化和极重度石漠化代表了石漠化演替的不同阶段，是石漠化发展逐渐加剧的序列。因此，若是石漠化演替的相邻阶段，其植被覆盖、土壤覆盖和基岩裸露等信息会更为相近，对 SVM 的分级产生了一定的混淆。尤其是石漠化演替的中间阶段，当影像特征在两个相邻等级划分阈值的附近时对 SVM 的分类产生了较大的困难。相比之下，无石漠化和极重度石漠化在植被、土壤和基岩等地表特征上更为单一，即高覆盖植被和土壤或者极高裸露基岩，因此，SVM 容易将上述两个石漠化等级识别出来。这也正是无石漠化和极重度石漠化分别实现了最高的用户精度和制图精度的原因。

此外，发生明显石漠化的区域和建成用地皆是地表裸露，其光谱特征相似，这使得 SVM 在判别上述两个类型时是存在较大困难的（Huang et al.，2009）。类似情况还发生在小面积的裸土覆盖区域和重度或者极重度石漠化之间。在这种情况下，为了提高 SVM 的分类精度，本研究选取的辅助数据有助于机器分类。例如，不同对象的高程差异可辅助石漠化分级。尤其是建设用地和裸土覆盖区域具有相对一致的高度和较低的坡度，而发生明显石漠化的区域其高程变化明显，且坡度较高，因此，高程信息有助于上述不同类型地表特征的划分。然而，上述的辅助数据特征反映在对象单元内，而不是像元尺度上，因此，与基于像元的方法相比，面向对象的方法，有助于纳入更多的辅助信息，从而提高石漠化分级精度。

　　喀斯特地区地形破碎、地物面积更小，使得区域地表特征复杂，增加了 SVM 对石漠化分级的难度。尤其是区域平地少、多细碎的缓坡耕地，若这些小块坡耕地已经收获，其裸露的地表特征和地形特征，与重度或者极重度石漠化区域的特征非常相似，容易混淆 SVM 的分类。因此，某些无石漠化区域被 SVM 误分为发生石漠化的区域，这也就是无石漠化制图精度低于用户精度，而多数已石漠化类别呈现相反情况的原因。与此同时，尽管本研究构建了面积加权标准偏差和局部方差等度量指标来确定分割对象的最优尺度，但部分区域可能还是会存在影像过分割或者欠分割的情况，这也可能是石漠化分级结果产生偏差的一个原因，进一步开发和改进影像分割算法，不仅有利于石漠化制图单元边界的可视化效果，也有助于分级制图精度的提高。

　　此外，山区地表起伏导致的遥感影像存在部分的阴影，这些区域缺乏有效的光谱信息而难以进行石漠化等级的划分。在本研究中，对阴影区先应用面向对象方法进行提取，再根据其周围单元的石漠化类别对阴影区进行石漠化等级归类。这样的操作存在一定的不确定性，当然，阴影面积仅占研究区很小的一部分，对于整个研究区的分类结果并没有明显的影响。在未来的研究中，关于山区遥感影像的信息修正和提取需要进一步的研究。为了改进本研究提出的石漠化分级制图效果，可耦合更多的辅助专题信息，并与面向对象方法进行结合和分类，从而提高最终石漠化制图的精度（Durieux et al., 2008；Tormos et al., 2012）。例如，利用土地利用图和地形图可从喀斯特区域中提取细小地块的坡耕地。借助上述提及的多源专题数据和技术手段，在未来的研究中可以进一步改进本研究提出的基于面向对象和支持向量机的石漠化自动制图方法，进行石漠化动态监测。

　　准确而快速的石漠化制图方法能够在区域范围内经济有效地进行石漠化动态监测，以辅助支撑石漠化治理与恢复。本研究提出了面向对象和支持向量机相结合的制图方法，并在柳江县、长顺县和镇远县获得了良好的应用，实现了较高的制图精度。本研究以 Landsat ETM +遥感影像为基础，纳入辅助专题数据，提取了光谱和纹理特征等影像特征，应用本研究提出的方法进行石漠化的制图单元划定和分级。该方法基于石漠化的定义和分级标准，应用面向对象的方法定义并划定了石漠化制图的变化单元。本研究构建了面积加权标准偏差和局部方差等度量指标，估计了面向对象的影像分割和合并参数，确定分割和合并过程的最优尺度，并以最优尺度进行石漠化单元边界的机器自动勾勒。在此基础上，耦合 SVM 监督分类方法，运用其非线性分类的优势，将对象集合进行石漠化分级。总体精度和条件 Kappa 系数的指标都验证了本研究提出方法的可靠性。面向对象的方法实现了更好的制图视觉效果，并考虑了石漠化分级的尺度概念，而 SVM 可以实现可靠的石漠化机器自动分级。同时，我们认为本方法还存在一些局限性，需要在未来的工作中加以完善，尤其是在小面积坡耕地的石漠化分级不确定性、山区阴影信息的缺失等方面，相关的改进和试验需要进一步尝试。

第4章 喀斯特石漠化演化的人为驱动因素空间信息挖掘

喀斯特石漠化是中国西南地区最严重的生态环境问题，了解导致石漠化发生的驱动因素对于管理和恢复受石漠化影响的区域至关重要。目前对石漠化人为驱动因素研究的最小单元多局限于特定的县域范围，以该单元范围内的社会经济普查数据作为人类活动的表征，并不能充分反映人类活动对石漠化演化空间信息的影响，且可能导致尺度偏差。本研究以长顺县为研究区，使用欧几里得距离计算与道路和居民点距离，通过距离的远近来表征人为驱动因素影响的强弱。基于传统欧几里得距离算法，本研究提出了一个人类活动影响石漠化的标准化指数（SOI），该指数依据不同石漠化变换类型进行欧几里得距离的修正和计算，比较不同区域人类活动对石漠化影响的差异（Xu et al., 2013）。根据与道路和居民点距离计算的两种 SOI，与石漠化演化的关系具有相似的特征。石漠化恢复进程中，除了石漠化演化为极重度石漠化之外，SOI 几乎为负；石漠化加剧进程中，SOI 几乎为正。结果表明，2000～2010 年人类活动对长顺县石漠化分布和演化既有正面影响，主要是诸多的石漠化恢复与治理项目；也有负面影响，主要是各种不合理的土地利用活动。上述研究结果表明，本研究应用空间分析技术提出的人类活动影响石漠化的标准化指数可以有效地刻画人为驱动因素影响石漠化交互演化的局部信息，可为研究人类活动与石漠化进程的相互关系提供有效的方法。

4.1 石漠化演化人为影响的研究背景

中国西南喀斯特地区位于亚洲东部喀斯特片区的中心地带，是世界上喀斯特地貌分布最广泛和最发达的片区之一。喀斯特石漠化演化已经成为威胁中国西南地区环境退化最严重的问题（Wang et al., 2004a；Bai et al., 2013）。喀斯特地区独特的岩溶地貌导致基岩和浅层碳酸盐岩出露，同时，剧烈的气候变化和人类活动导致喀斯特生态系统发生显著变化，加剧石漠化的发生，使得西南喀斯特地区形成生态脆弱区域（Sweeting, 1995）。石漠化是特定岩溶环境条件和剧烈人为活动联合作用的结果（Wang et al., 2004a；Liu et al., 2008；Yang et al., 2011）。因此，研究影响石漠化演化的驱动因素并解析其主要影响因素，对于石漠化控制、管理和恢复至关重要。

早期研究主要集中在自然因素及土地利用等对石漠化的单一及联合影响上，与石漠化的分布和演化进程相关的重点研究因素主要如下：温度和降水等气象因素（Xiong et al., 2009），海拔、坡度和坡向等地形因素（Huang and Cai, 2007；Zhou et al., 2007；Jiang et al., 2009），岩性因子（即碳酸盐岩组合类型）（Wang et al., 2004b；Li et al., 2009），地貌类型（杨青青等，2009a）和土地覆被类型（Huang and Cai, 2007；Li et al., 2009）等。相比之下，人为因素近些年来逐渐受到关注，且被认为是影响石漠化的主导因素（Lan and Xiong, 2001；Wang et al., 2004a；Li et al., 2009；Wu et al., 2011）。然而，利用数据采集和开发等方法评估量化人为因素对石漠化影响比较困难。在小尺度范围内，上述诸多驱动因子空间分布相对均一，人类活动和地形因子具有更大的变异性，影响石漠化演替。由于社会和经济统计数据收集的行政区域范围局限性，以往研究也只能局限于统计数据搜集的最小单元范围——县或乡镇（中国的第三或第四个行政单位），因此人为因素与石漠化之间关系研究单元受限（胡宝清等，2004；Liu et al., 2008；Wu et al., 2011；Yang et al., 2011）。

然而，由于县或乡镇尺度的汇总数据的自身问题（Li et al., 2012），通常表征人类活动的区域社会经济数据会存在尺度问题和偏差，甚至可能是错误的数据（Kloog et al., 2009；Portnov et al., 2009）。此外这种基于面状的分析方法有其固有的缺陷，难以反映石漠化演化空间格局的特征，且不同类型石漠化之间的演化在更精细空间尺度上更为复杂，但按照县或乡镇尺度统计不同类型石漠化面积的净变化值相对较小（Yang et al., 2011；Bai et al., 2013）。县或乡镇尺度的研究，往往会导致复杂石漠化交互演化详细空间信息缺失。因此，考虑和量化相关的空间信息，对研究精细尺度范围上人为因素对石漠化演化的影响是必要的。地理信息系统（GIS）空间分析方法提供了一种基于空间或非空间属性检测地理特征或事件模式的新方法（Goodchild et al., 1992），如核密度和距离计算等GIS空间技术（Charreire et al., 2010）可以有效地刻画人类活动对石漠化影响的空间信息。

综上所述，本研究的目的是在小尺度范围内量化人为驱动因素，并分析其与石漠化分布和演化的关系。本研究基于传统欧几里得距离栅格化技术和计算方法，考虑不同等级石漠化空间分布差异，修正并计算标准化系数，将人类活动对石漠化影响的空间分布信息进行量化。同时，考虑人类活动对石漠化恢复和加剧两种相反演化进程影响的差异，分析人类活动对石漠化恢复和加剧的影响。

4.2 长顺县地理背景及石漠化特征

长顺县位于贵州中部（图4-1），该县地貌类型以典型的喀斯特峰丛洼地景观为主，长顺县 98% 以上的区域为喀斯特地区，近 30% 的土地面积受到石漠化的影响，是贵州石漠化受喀斯特石漠化影响最严重的区县之一（王晓燕，2010）。该县的喀斯特石漠化导致严重的土壤侵蚀，加剧了人口压力，自然和人为因素影响加剧了喀斯特地貌的产生。

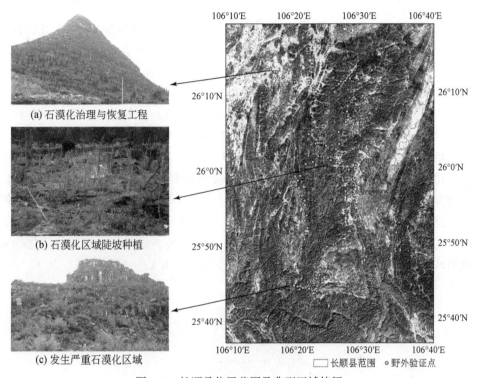

(a) 石漠化治理与恢复工程

(b) 石漠化区域陡坡种植

(c) 发生严重石漠化区域

图 4-1　长顺县位置范围及典型区域特征

4.3　喀斯特石漠化及人为影响的量化方法

4.3.1　遥感影像及地理环境数据介绍

本研究采用具有相对较宽覆盖范围和较短重复周期的 Landsat 7 ETM +遥感影像绘制 2000 年和 2010 年长顺县喀斯特石漠化空间分布图，其中，2010 年的遥感图像为中国科学院计算机网络信息中心地理空间数据云平台（http：//www. gscloud. cn/）提供的条形修复图像。研究区域遥感影像的基本信息见表 4-1。

表 4-1　Landsat 7 ETM+影像基本信息

年份	条带号	行编号	日期
2000	127	42	2000 年 11 月 4 日
2010	127	42	2010 年 10 月 31 日

　　Landsat 7 ETM+图像预处理包括几何校正和大气校正等步骤，其中，几何校正是基于中国科学院地理科学与资源研究所提供的 1∶50 000 地形图，获取 30 个地面控制点，应用几何校正模型进行校正，使得图像空间位置的均方根误差小于 0.5 个像元；大气校正则采用 ENVI 软件的 FLAASH 模块（FLAASH Module, 2009）。

　　本研究将分析单元设置为 100m×100m 的栅格单元，考虑诸多驱动因素在较精细的尺度上空间分布相对相似，尤其气象因子等与地形因子在空间分布上有较强的相关性，因此本研究认为地形因素和人为因素是精细尺度上影响石漠化分布和演化的主要驱动因素。本研究精细尺度上考虑的主要自然因素是坡度，利用 DEM 数据生成以度为单位的坡度信息分布图。DEM 数据由中国科学院计算机网络信息中心国际科学数据服务平台（http：//datamirror. csdb. cn）提供。岩性、道路和居民点等基本数据来自 2000 年左右的长顺县本地地图，将其数字化为矢量格式，并统计地理坐标系、投影坐标系和栅格单元大小（图 4-2）。

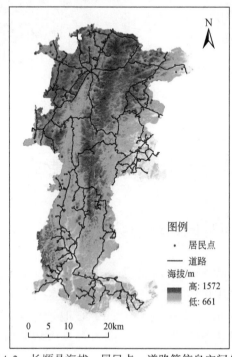

图 4-2　长顺县海拔、居民点、道路等信息空间分布

4.3.2　喀斯特石漠化分级方法

本研究基于剔除非喀斯特的空间分布范围的地貌图，对岩溶区域进行石漠化的空间识别和绘制。参考以往研究成果，本研究的石漠化分级包括 6 级（表 3-3），依据基岩裸露率、植被级土壤覆盖率进行喀斯特石漠化等级的分类和判别（Li et al.，2009），最终共划分包括无石漠化、潜在石漠化、轻度石漠化、中度石漠化、重度石漠化和极重度石漠化 6 个级别，上述 6 个级别石漠化程度逐渐加剧。发生石漠化的区域，已有较为明显的基岩暴露，随着石漠化等级增大，基岩裸露范围依次增加，这些区域成为相关研究关注的重点（Bai et al.，2013）。本研究基于 Landsat 7 ETM +图像，通过目视解释绘制了 2000 年和 2010 年长顺县的石漠化分布图，并收集了长顺县 2010 年 86 个野外实地点验证数据（图 4-1），对目视解译的石漠化分级准确性进行评估，结果表明，石漠化分级准确率达 90.7%，可进行后续的分析。

4.3.3　石漠化演化的人为影响量化方法

1. 量化人为影响强度的空间距离分析技术

欧几里得距离度量是一种广泛使用的 GIS 空间分析技术，它通过计算曲面上的每个栅格单元到点或折线的最近位置的欧几里得距离，将地理参考点或折线转换为连续曲面（ESRI，2001）。道路和居民点的空间分布位置与人类活动分布密切相关（Simpson and Christensen，1997），根据 Tobler（托伯勒）的"地理第一定律"，与道路或居民点距离的远近，与人类活动强度高低有一定的相关性。本研究计算区域任意位置与道路和居民点的欧几里得距离作为人类活动的代表，随着与道路或居民点距离的增加，人类活动影响减小。本研究使用 ArcGIS 10.1 的空间分析工具计算和绘制与道路和居民点的欧几里得距离的空间分布图。

2. 人类活动对石漠化影响强度的修正方法

2000~2010 年长顺县喀斯特石漠化演化受 2000 年的喀斯特石漠化分布及这一时段不同驱动因素变化的影响。不同驱动因素的空间差异及其联合作用导致石漠化空间分布差异，而短期的石漠化等级变化，主要是来自人类活动因素短期内的显著变化。因此，欧几里得距离增加，表明人类活动影响减小。然而，4.4.3 节进一步表明，作为人类活动强度的代表，与道路或居民点之间的平均欧几里得距离对六种喀斯特石漠化类型的影响是显著不同的。这表明在历史演变进程中不同石漠化等级受人类活动影响的强度是显著不同的，并与其他驱动因素耦合，形成了 2000 年的石漠化空间分布。因此，本研究计算 2010 年不同石漠化类型的欧几里得距离，同样的距离在不同石漠化等级下表达的人类活动强度不同，强度的大小取决于历史上受人类活动影响强度的差异。这意味着若不做石漠化等级分类而直接选择欧几里得距离作为表征，人类活动强度变化的测度并不具有可比性，且难以有效量化人类活动变化对石漠化的影响。因此，本研究着重强调，在研究 2000~2010 年人类活动变化对不同石漠化等级演化进程的影响时应考虑起始年（2000 年）各石漠化等级受人类活动影响的差异。

本研究提出了人类活动影响石漠化的标准化指数（SOI 指数），该指数基于传统欧几里得距离计算结果，考虑人类活动对不同等级石漠化的影响差异，量化不同石漠化类型演化的欧几里得距离标准化指数。以 2000 年特定石漠化类型与道路和居民点的平均欧几里得距离为基础，计算每个栅格单元的 SOI_{ij}^{k} 指数值为

$$SOI_{ij}^{k} = \frac{x_{ij}^{k} - \overline{x_i}}{\overline{x_i}} \tag{4-1}$$

式中，i 和 j 的范围从 1 到 6，表示石漠化程度从低到高依次加剧的六个石漠化类型，即无石漠化、潜在石漠化、轻度石漠化、中度石漠化、重度石漠化和极重度石漠化；i 和 j 分别表示研究的起始年份和末期年份，本研究即为 2000 年和 2010 年；k 为随机栅格单元顺序号；x_{ij}^{k} 为某石漠化演化类型的 k 栅格单元与道路或者居民点的欧几里得距离，石漠化演化类型依据 i 和 j 作判别，即从 2000 年的石漠化类型 i 变为 2010 年的石漠化类型 j；$\overline{x_i}$ 为 2000 年石漠化类型 i 的栅格单元与道路或者居民点的平均欧几里得距离。SOI_{ij}^{k} 为石漠化类型 i 变为石漠化类型 j 中某一栅格单元的人类活动影响变化。为了区分道路和居民点的差异，本研究分别称之为道路 SOI_{ij}^{k} 和居民点 SOI_{ij}^{k}。

在栅格单元的基础上，进一步计算每个石漠化等级转换的平均系数 SOI_{ij}，刻画某一时段内特定石漠化等级转换类型的人类活动强度变化，公式为

$$SOI_{ij} = \frac{\sum_{k=1}^{n_{ij}} (x_{ij}^{k} - \overline{x_i})}{\overline{x_i} \times n_{ij}} \tag{4-2}$$

式中，SOI_{ij} 表示 2000 年的石漠化类型 i 转化为 2010 年的石漠化类型 j 的人类活动强度变化指数，包括道路 SOI_{ij} 和居民点 SOI_{ij}；i 和 j 含义与式（4-1）表述一致。例如，SOI_{13} 为 2000 年的 1 类石漠化（无石漠化）转换为 2010 年的 3 类石漠化（轻度石漠化）区域的系数；n_{ij} 为 2000 年石漠化类型 i 转化为 2010 年的石漠化类型 j 的栅格单元数量。

若人类活动影响石漠化的标准化指数 SOI 值为负，表明发生石漠化转化的区域在研究期间更靠近道路和居民点，意味着该区域更容易受人类活动的影响。相

反，SOI 值为正，表明发生石漠化转化的区域受人类活动影响强度降低。据此，本研究主要基于 2000 年各石漠化等级的平均欧氏距离来计算修正欧几里得距离，标准化人类活动对石漠化的影响。

4.4 喀斯特石漠化演化特征及人类活动的影响

4.4.1 喀斯特石漠化面积变化总体特征

通过遥感影像的目视解译，提取了长顺县 2000 年和 2010 年受石漠化影响区域的空间分布情况（图 4-3）。长顺县的岩溶区面积约为 1516.6 km^2，不同类型石漠化的面积见表 4-2。无石漠化在该县占主导地位，面积比重最大，2000 年和 2010 年分别为 842.4 km^2 和 887.9km^2，分别占该县喀斯特面积的 55.54% 和 58.54%；潜在石漠化面积排第二，2000 年和 2010 年面积分别为 235.0km^2 和 306.0km^2，比重从 15.50% 增加到 20.18%；而 2000 年和 2010 年发生明显石漠化区域的面积分别为 439.2 km^2 和 322.7 km^2，面积较大的两个石漠化类型是轻度石漠化和中度石漠化。

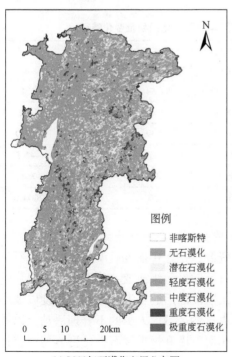

(a) 2000年石漠化空间分布图　　　　　　(b) 2010年石漠化空间分布图

2000年   2010年

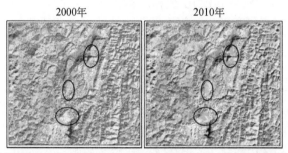

(c) 石漠化改善示例(彩色合成,绿色为植被,粉色、紫色为非植被)

2000年   2010年

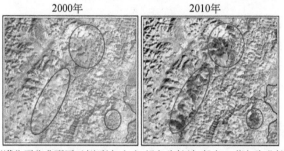

(d) 石漠化恶化典型区示例(彩色合成,绿色为植被,粉色、紫色为非植被)

图 4-3　长顺县石漠化时空变化分布

表 4-2　长顺县 2000～2010 年不同等级石漠化面积及变化特征

石漠化等级	2000 年面积 /km²	2000 年面积比重/%	2010 年面积 /km²	2010 年面积比重/%	变化面积 /km²	变化率 /%
无石漠化	842.4	55.54	887.9	58.54	45.5	5.4
潜在石漠化	235.0	15.50	306.0	20.18	71.0	30.2
轻度石漠化	223.9	14.76	172.7	11.39	−51.2	−22.9
中度石漠化	173.0	11.41	99.4	6.55	−73.6	−42.5
重度石漠化	42.1	2.78	45.2	2.98	3.1	7.4
极重度石漠化	0.2	0.01	5.4	0.36	5.2	2600.0

　　可以看出,石漠化变化剧烈的区域主要是轻度石漠化土地和中度石漠化土地;轻度和中度石漠化区域有一定的水土资源,是连接强度石漠化和低等级石漠化的中间阶段,既可能向高等级演变,又可能向低等级演变,从而导致石漠化进程两个极端面积的变化。相对于发展到严重阶段之后的石漠化土地,轻度以及中度石漠化土地更加容易治理。只要能够约束这些区域内人类的不合理活动,以及采取有效的治理措施,这些土地的石漠化相对重度和极重度石漠化更容易地获得

逆转和修复。

2000～2010 年，长顺县发生复杂的石漠化恢复和加剧的相互过程，呈现显著的空间分布差异。总体而言，该县石漠化呈现整体恢复而局部加剧的变化趋势。明显石漠化面积减少 116.5km²，其中轻度和中度石漠化面积分别下降51.2km²和 73.6km²；值得注意的是，重度和极重度石漠化区域分别增加了3.1km²和 5.2km²，说明该县局部发生的严重石漠化亟须重点管理和控制。

4.4.2 不同等级石漠化相互转换特征

喀斯特石漠化类型发生转变的区域面积为 419.8km²，其中，石漠化恢复区域面积为 310.0km²，而石漠化加剧区域面积为 109.8km²（图 4-4，表 4-3）。转移矩阵中（表 4-3）每一个数字表示在 2000 年某一石漠化等级（横行）到 2010年转为某一石漠化等级（竖列）的面积，如第一行第二列的 29.2 表示，在 2000年为无石漠化等级到 2010 年转为潜在石漠化的面积为 29.2km²。从各类型石漠化的净变化面积角度看，多数石漠化类型的面积并没有特别显著变化，但在不同

图 4-4 长顺县 2000～2010 年石漠化发生恢复/恶化的空间分布

类型石漠化内部之间发生了巨大的相互转化。例如，轻度石漠化面积从 2000 年的 223.9km² 下降到 2010 年的 172.7km²，净变化为 22.9%，2000 年轻度石漠化到 2010 年未发生转变的面积为 76.6km²，而其余 147.3km² 的区域石漠化等级发生转变，约有 65.8% 的轻度石漠化区域（2000 年）转变为其他类型石漠化（2010 年）（表 4-3）。潜在石漠化、轻度石漠化和中度石漠化三种等级石漠化演化主要发生在相邻等级的石漠化区域，且 2000~2010 年主要表现为石漠化恢复，即由严重石漠化等级转为轻微甚至无石漠化等级。而重度和极重度石漠化演化主要发生在无石漠化和潜在石漠化的区域，属于石漠化等级的跃变。2000~2010年，分别有 20.5km² 和 5.2km² 的区域发展为重度和极重度石漠化等级，这些区域中 2000 年为无石漠化或潜在石漠化的面积分别是 11.9km² 和 2.7km²。这表明，约有 58.0% 的重度石漠化区域和 51.9% 的极重度石漠化区域由无石漠化和潜在石漠化的区域演化而来，初步判断主要是由短期内剧烈的人为干扰造成的。

表 4-3　长顺县 2000~2010 年石漠化转移矩阵　　　（单位：km²）

石漠化等级		2010 年					
		无石漠化	潜在石漠化	轻度石漠化	中度石漠化	重度石漠化	极重度石漠化
2000 年	无石漠化	774.3	29.2	20.5	7.0	9.9	1.5
	潜在石漠化	61.4	151.6	13.8	5.0	2.0	1.2
	轻度石漠化	37.5	97.2	76.6	8.6	3.0	1.0
	中度石漠化	13.4	26.5	57.3	69.4	5.6	0.8
	重度石漠化	1.3	1.5	4.5	9.4	24.7	0.7
	极重度石漠化	0	0	0	0	0	0.2

　　比较石漠化演化的初始阶段（无石漠化）和终极阶段（极重度石漠化），两类石漠化与其他石漠化的相互转变呈现明显的差异。潜在石漠化、轻度石漠化、中度石漠化和重度石漠化等级区域分别有 61.4km²、37.5km²、13.4km² 和 1.3km² 转为无石漠化等级；与此同时，无石漠化等级区域分别有 29.2km²、20.5km²、7.0km² 和 9.9km² 和 1.5km² 转为潜在石漠化、轻度石漠化、中度石漠化、重度石漠化和极重度石漠化等级。可以看出，潜在石漠化、轻度石漠化和中度石漠化转为无石漠化的面积比例大，逆向转变的比例小；相反，重度石漠化和极重度石漠化是以恶化为主，转为无石漠化的面积小，无石漠化加剧为重度和极重度石漠化的面积较大。2000~2010 年，发生极重度石漠化地区并没有得到明显的恢复和改善，且分别有 1.5km²、1.2km²、1.0km²、0.8km² 和 0.7km² 的无石漠化、潜在石漠化、轻度石漠化、中度石漠化和重度石漠化区域加剧为极重度石漠化。

　　在不同石漠化类型中，轻度石漠化和中度石漠化属于石漠化演化进程的中间阶段，生态系统状态相对不稳定，更容易发生石漠化加剧或恢复等正向和逆向演替。2000~2010年这两类石漠化类型发生转变的面积分别占2000年相应等级石漠化面积的65.8%和59.9%，而潜在石漠化和中度石漠化发生转变的面积比重分别为35.4%和41.3%。2000~2010年长顺县石漠化区域得到有效的控制和治理，潜在石漠化、轻度石漠化、中度石漠化和重度石漠化区域以恢复为主，即大部分区域石漠化得到控制，石漠化等级降低，转为等级更高石漠化类型的面积小，尤其是轻度石漠化和中度石漠化恢复区域的面积比例分别为60.2%和56.2%。需要指出的是，尽管有16.7km²的重度石漠化区域得到恢复，但仍有20.5km²的更低石漠化等级区域加剧转化为重度石漠化区域。因此，需要深入分析长顺县石漠化恢复和加剧的复杂过程和驱动机制。

4.4.3 人类活动对石漠化的影响

1. 不同石漠化等级与道路和居民点分布特征

2010年，不同类型石漠化区域与道路平均距离在680~1033m，与居民点的平均距离在1269~1672m（表4-4）。图4-5和图4-6展示了与道路和居民点距离量化人类活动影响的相应栅格化信息。不同石漠化等级平均距离的差异表明，六种石漠化类型受人类活动影响的程度有显著不同。2000年和2010年，六种石漠化类型受人类活动影响程度排序有相似之处，本研究发认为有一定的地理依据，因为居民点可以被认为是道路之间的节点，两者的空间分布具有较大的关联性。

表4-4　不同石漠化类型与道路及居民点的平均距离　　（单位：m）

石漠化等级	道路		居民点	
	2000年	2010年	2000年	2010年
无石漠化	859	875	1358	1369
潜在石漠化	1059	1028	1606	1587
轻度石漠化	1106	998	1652	1552
中度石漠化	946	1033	1564	1672
重度石漠化	733	977	1197	1558
极重度石漠化	563	680	1055	1269

道路和居民点附近的土地通常更适宜用于农业生产、工业生产和人居生活等，作为人类活动的主要区域。尤其在喀斯特山区，道路和居民点的位置受地形限制更为明显，多集中在河谷地区，使得这些区域更加成为人类活动的主要区域。因为人类活动主要集中在交通可达性良好的地方，距离越近，受人类活动干

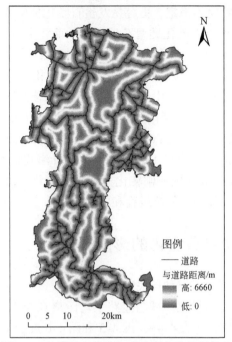

图 4-5   长顺县各位置与道路距离的空间分布

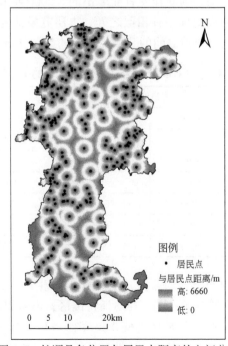

图 4-6   长顺县各位置与居民点距离的空间分布

扰的可能性越大，因此在极重度石漠化区域内与道路和居民点的平均距离是最短的。这些地区若土地利用方式不合理、管理不善，容易加速土壤侵蚀，并可能导致极重度石漠化的发生。

2000~2010 年无石漠化和潜在石漠化区域与道路和居民点的平均距离无显著变化，无石漠化区域与道路和居民点平均距离分别从 859m 和 1358m 增加到875m 和 1369m，潜在石漠化区域与道路和居民点平均距离分别从 1059m 和1606m 减少到了 1028m 和 1587m。轻度石漠化区域偏向道路或居民点附近分布，受人类活动影响强度加大，与道路和居民点平均距离分别从 1106m 和 1652m 减少到了 998m 和 1552m，减少幅度较大；而中度石漠化、重度石漠化和极重度石漠化区域，与道路和居民点距离都是增加的，尤其是重度石漠化区域，与道路和居民点平均距离分别从 733m 和 1197m 增加到 977m 和 1558m，中度和极重度石漠化区域的平均距离略有增加。

2. 人类活动标准化指数时空变化及其对石漠化演化的影响

本研究提出的人类活动影响石漠化的标准化指数（SOI）基于石漠化分布对与道路和居民点的欧几里得距离进行修正和计算。与未经修正的距离空间分布图相比，SOI 分布图空间分布更为离散，表现出更多的锯齿状纹理特征（图 4-7 和

图 4-7 长顺县道路 SOI 的空间分布

图4-8)。本研究分析了 SOI 数据与石漠化演替特征的关系及其指示意义。这里将
2000~2010 年石漠化演化方向分为逆向演替的恢复过程和正向演替的加剧过程
两类，并分别统计长顺县各石漠化等级转化的道路 SOI 和居民点 SOI。

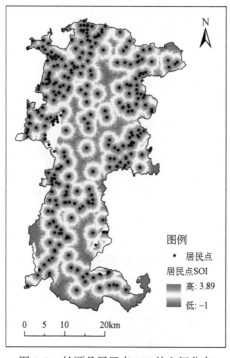

图例

• 居民点

居民点SOI

高: 3.89

低: −1

0　5　10　　20km

图 4-8　长顺县居民点 SOI 的空间分布

　　结果表明，两类 SOI 具有相似的数值特征，仅个别的数值差距较大（图 4-9
和图 4-10），但石漠化恢复过程和加剧过程的正负特征几乎相反。具体来看，石
漠化恢复过程中，除了重度石漠化转为潜在石漠化区域的居民点 SOI 值为正之
外，其他发生石漠化恢复类型均为负，其中，道路 SOI 范围为 −0.36~−0.02，居
民点 SOI 范围为 −0.10~−0.02（图 4-9）。这些结果表明，大多数石漠化恢复区
域往往靠近人类活动密集的区域，主要是诸多石漠化治理和恢复工程的实施等人
类活动强度的增加，可有效促进石漠化恢复。

　　而石漠化发生加剧类型的 SOI 表现出相反的特征（图 4-10），道路 SOI 和居
民点 SOI 主要为正，只有加剧转为极重度石漠化类型的 SOI 为负。局部区域以不
合理资源利用和人类干扰活动为主的人类活动强度加剧，导致这些区域短时间内
转变为极重度石漠化。因此，其他类型石漠化转化为极重度石漠化区域的 SOI 几
乎为负，其中，道路 SOI 范围为 −0.39~−0.08，居民点 SOI 范围为 −0.33~
−0.03。除此之外，其他石漠化等级增加区域的 SOI 值几乎为正，这表明这些石

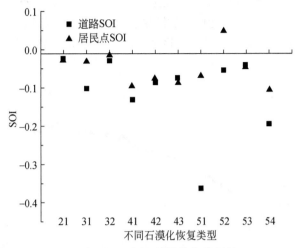

图 4-9　长顺县不同石漠化恢复类型的 SOI

①图中横坐标数字 1~5 分别表示无石漠化、潜在石漠化、轻度石漠化、中度石漠化和重度石漠化等依次增加的 5 个石漠化等级；

②横坐标都是两个数字的组合，第一个和第二个数字分别为 2000 年和 2010 年的石漠化等级，如 21 表示 2000~2010 年，潜在石漠化转为无石漠化

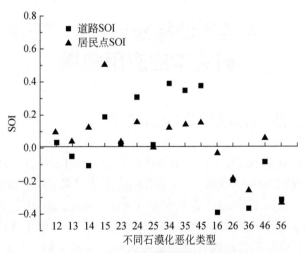

图 4-10　长顺县不同石漠化恶化类似的 SOI

①图中横坐标数字 1~6 分别表示无石漠化、潜在石漠化、轻度石漠化、中度石漠化、重度石漠化和极重度石漠化依次增加的 6 个石漠化等级；

②横坐标都是两个数字的组合，第一个和第二个数字分别为 2000 年和 2010 年的石漠化等级，如 21 表示 2000~2010 年，潜在石漠化转为无石漠化

漠化加剧类型倾向于分布在人类活动强度降低的地方。初步推测，这可能是主要人类活动与自然因素之间相互作用的结果，人类活动强度降低，往往意味着这些区域可达性较差，坡度随之增加（图4-11），容易加剧水土流失，导致石漠化发生。

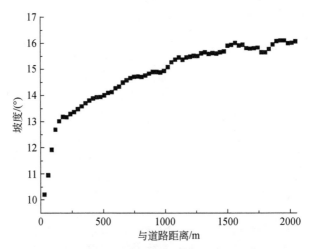

图 4-11　长顺县与道路距离随坡度增加的变化特征

4.5　人类活动标准化指数在石漠化研究中的应用前景

4.5.1　人类活动标准化指数的优势

在驱动因素研究中需要考虑尺度依赖性问题（Walsh et al.，2001）。在精细尺度上（如本研究的100m×100m），许多石漠化驱动因素空间分布较为相似，如地貌类型（Wang et al.，2004a）、岩性类型（Wang et al.，2004b）和土壤类型（杨青青等，2009b）等，而人类活动和地形特征在这样的尺度单元内仍有较大的空间差异性，对石漠化演化进程有更为显著影响。本研究利用 GIS 空间分析技术，基于与道路和居民点的欧几里得距离，提出人类活动影响石漠化的标准化指数（SOI），更好地量化人类活动强度变化的空间信息，并纳入石漠化演化研究中。SOI 在不同石漠化演化方向的差异结果表明，人为因素可以驱动和改变区域石漠化演化进程，对石漠化恢复和加剧过程有显著不同的影响。

与诸多前期研究中使用的缓冲技术相比，本研究应用空间技术提出的 SOI，可以有效地刻画和量化更为精细尺度的空间信息。尤其是在本研究中，不同类型石漠化之间与道路或居民点的平均距离最大值和最小值约为 400m，若使用广泛用于其他石漠化驱动力研究的 1km 缓冲区来量化人类活动（Jiang et al., 2009），将会导致不同石漠化类型之间人为影响空间信息丢失。相比于粗略的缓冲区设置，SOI 可以灵活地测度距离信息的空间变异。

4.5.2　人类活动标准化指数对石漠化演化的解释能力

以往研究已表明，人类活动对石漠化区域具有重大影响（Wang et al., 2004a；Li et al., 2009；Wu et al., 2011）。短时间内出现石漠化的终极形态，即本研究分级的石漠化最高等级——极重度石漠化，主要由于强烈的人为因素干扰导致石漠化演化进程加快。不适当的耕作方式、过度放牧、乱砍滥伐和矿山开采等活动显著改变了喀斯特生态系统状态，导致生态系统破坏甚至崩溃，演化为极重度石漠化。因此，极重度石漠化区域与道路或居民点距离是各类型石漠化中最短的，2000~2010 年石漠化加剧演化为极重度石漠化的区域也往往靠近道路或居民点，以上结果皆证明人类干扰的显著作用。尤其需要强调的是，若只使用与道路和居民点的距离表征人类活动强度的变化，2000~2010 年极重度石漠化区域的平均距离分别从 563m 和 1055m 增加到 680m 和 1269m（表 4-4），这可能错误地判断为人类活动是减弱的。实际上是由于突然加剧演化为极重度石漠化的区域，原本所受人类活动强度相对较低，而这十年间强度的增加，造成了极重度石漠化的演化。使用本研究提出的 SOI 指数，其他类型石漠化转化为极重度石漠化区域的 SOI 值几乎为负（图 4-10），可直观和准确地量化上述人类活动强度的变化。

与此同时，本研究发现，除加剧为极重度石漠化类型外，2000~2010 年其他石漠化加剧类型是人为因素和自然因素相互作用的结果，单独采用 SOI 并不能完全解释上述石漠化演化过程。在精细尺度上，坡度对石漠化演化有重要影响（Huang and Cai, 2007；Jiang et al., 2009）。随着坡度增大，土壤深度变薄（Yue et al., 2008b），保持土壤和水分的植被减少（Huang and Cai, 2007），因此，斜坡上的土壤往往容易受到侵蚀，这也是石漠化演化的主要因素之一。而高坡度也限制了人类活动的范围，减少了人类活动干扰的影响。坡度与道路或居民点的距离之间的相关性（图 4-11），进一步说明石漠化演化是人类和自然因素的混合结果。

与道路和居民点距离也常被用作石漠化演化风险的影响因素（Zhang et al., 2010）。研究发现，2000~2010 年石漠化恢复区域往往靠近道路或居民点，这主要是由于各种石漠化恢复项目，如森林保护、重新造林和生态移民项目。特别是，长顺县是国家石漠化综合治理第一批试点的 100 个县之一，实施了大量的石漠化治理与恢复工程，并形成了以竹子托村为代表的可持续发展实力石漠化模式。上述大多数石漠化治理与恢复项目的实施都相对靠近道路或居民点（Yang et al.，2011）。这表明，区域空间上若邻近道路和居民点分布，可以促进石漠化恢复项目的成功实施。以上通过分析道路和居民点在人类活动风险分析中的影响，说明人类活动对石漠化恢复的积极影响不容忽视。

4.5.3　人类活动标准化指数的不足

需要指出的是，本研究提出的 SOI 还存在一定局限性，需要在未来的研究中进一步改进。

首先，由于本研究以县域为研究区域，研究区内道路以县道或者乡道为主，更高级别的省道和国道等道路长度有限，因此，没有区分道路级别。同时，研究中使用的居民点既包括主要的大城镇，也包括离散分布的小型居民点。未来涉及较大区域的研究中，可以差别化不同级别的道路（Forman and Deblinger，2001）和居民点的影响，建立不同等级的道路 SOI 和居民点 SOI，或为不同级别的道路或居民点设置不同的权重信息，计算多级别加权的 SOI，以更好地刻画人类活动的强度。

其次，使用与道路和居民点的欧几里得距离作为人类活动的代表，若距离相近时，局部区域道路或居民点的密度应该能够表征人类活动程度的强度，而本研究计算的最近距离指数并无法表征这部分的信息。在 GIS 空间分析方法中，核密度分析（Silverman，1986；McCoy and Johnston，2002；Kloog et al.，2009）可以将密度信息考虑进去，这可以从另外一个角度去量化人类的活动信息，两者相结合会是一种可以尝试的更有效或更合适的方法。本研究提出的 SOI 和栅格化方法提供了更多的空间信息，但它的冗余信息，可能使结论不太明确。因此，更严谨的统计检验方法是可以尝试改进的另一种方法，不仅可以从 SOI 的正负来判断人类活动强度的变化，还可以从数值的大小来识别变化程度的高低。且由于石漠化演化进程的驱动因素很多，如何综合考虑人为和自然因素以及它们对喀斯特石漠化演化的相互影响，将 SOI 与其他驱动因子进行耦合分析，也是未来可以尝试研究的一个方向。

4.6　人类活动标准化指数的应用前景

在精细尺度上更好地了解影响石漠化的人类驱动因素，可以为喀斯特石漠化控制和恢复提供科学指导。本研究以长顺县为例，识别 2000～2010 年长顺县的石漠化演化特征，建立量化人类活动影响的指标——SOI，并探讨 SOI 对石漠化演替的解释能力。SOI 是基于空间分析技术和传统欧几里得距离计算方法，对欧几里得距离进行修正和计算获取。作为人类活动影响石漠化的标准化指数，SOI 可以有效地差别化人类活动对不同等级石漠化演化影响的信息，以研究精细尺度上人类活动与石漠化之间的关系。

结果发现，2000～2010 年长顺县的石漠化面积呈总体下降趋势，石漠化类型转变以改善为主，但局部地区仍然发生石漠化加剧。发生石漠化恢复和加剧的 SOI 值表现出不同的特征，石漠化恢复区域的 SOI 基本为负，表明人类活动强度增加有利于石漠化的控制和治理，主要是石漠化恢复项目的实施；同时，短期内转为极重度石漠化类型的 SOI 也为负，表明强烈的人为干扰会进一步加剧石漠化，但其他发生石漠化加剧类型的 SOI 基本为正，表明人类活动并不是这些区域石漠化恶化的主要原因。上述研究结果表明，人类活动对石漠化的分布和演化进程既有正面影响，也有负面影响；运用 SOI 可以有效量化和挖掘人类活动强度的变化，有助于探讨人类活动与石漠化演化的关系。同时，SOI 也应该结合其他驱动因素，综合考虑自然因素的影响及其与人类活动的相互作用。在未来的研究中，关于 SOI 的进一步改进可参考上述指出的内容和方向。

|第5章| 喀斯特石漠化多驱动影响
及其交互作用贡献计算

喀斯特石漠化作为中国西南地区最严重的生态问题，威胁并限制了区域可持续发展。综合量化石漠化演化与其相关驱动因素之间的关系，可为复杂岩溶环境的石漠化治理与恢复提供更多信息。过去的研究局限于对石漠化演化驱动因素影响的相对贡献程度的量化，而缺乏多驱动因子之间相互作用与影响的深入刻画。为解决这些问题，本研究应用地理信息系统空间分析技术和地理探测器模型，探索驱动因素及其相互作用与石漠化演化的空间一致性。本研究以长顺县为研究区域，选取九个影响石漠化演化的自然和人文驱动因素，研究了 2000 ~ 2010 年喀斯特石漠化驱动因子及其交互作用的影响（Xu and Zhang，2014）。研究结果揭示了驱动因素对石漠化加剧以及恢复进程的相对重要贡献率。岩性、土壤类型和与道路距离三个驱动因子是影响石漠化演化的主导驱动因素。有趣的是，本研究指出自然因素和人为因素对石漠化恢复的贡献程度并没有显著差异，甚至在石漠化加剧进程中，自然因素的影响程度更大。同时，研究结果表明不同驱动因素之间的相互作用增强了其对喀斯特石漠化演替进程的影响，且驱动因素之间的非线性增强效应明显加剧了石漠化的发生。过多地强调人类活动对石漠化演替的影响是存在误区的。喀斯特特殊的地理特征是石漠化演替的基础，人类活动只有作用在喀斯特这种特殊的岩性、土壤和植被构成上才会产生显著效应。石漠化的控制、恢复和治理，需要综合考虑多驱动因子之间的相互作用，才能取得良好效果。该研究结果发现有助于区域有效控制和恢复石漠化。

5.1 喀斯特石漠化演化多驱动因子
影响的研究背景

喀斯特石漠化是一种特殊的土地荒漠化类型，表现为严重的土壤侵蚀、基底岩石的大面积暴露和土壤生产力的急剧下降，从而呈现出类似沙漠化的景观特征（Wang et al.，2004b）。因此，国家发展和改革委员会于 2008 年开始在该地区的100 个县实施石漠化恢复试点项目，并在 2011 年扩大到 200 个县，以期有效控制和治理西南地区的石漠化。随着石漠化恢复和治理工程的实施，石漠化现象有了明显的改善，然而，石漠化的正逆演替依然存在。因此，深入挖掘研究各驱动因子与石漠化演化之间的关系，量化驱动因子的贡献率，探讨因子之间的相互作用，对于石漠化控制、恢复和治理有重要意义。

很多喀斯特石漠化恢复和重建项目虽然能够有效治理受石漠化影响的区域（Zeng et al.，2007；Qi et al.，2013），但石漠化治理区域又很容易发生逆转，导致石漠化再发生（盛茂银等，2013）。众多案例研究表明，不同等级土地石漠化之间的相互转化显著，不同区域呈现不同的石漠化恢复或加剧现象（Bai et al.，2013），这主要是因为石漠化是多种驱动因素的交互作用，包括特殊的喀斯特自然因素和人类活动因素（Liu et al.，2008；Wang et al.，2004b；Yang et al.，2011；Jiang et al.，2014）。若缺乏对驱动因素与石漠化演化关系的深入分析，可能影响石漠化控制与恢复工作。因此，为了有效控制、管理及恢复石漠化，需深入分析和量化喀斯特石漠化驱动力的影响程度及其交互作用。

应用不同自然地理数据和社会经济调查数据，前期的研究已经量化分析了不同驱动因素对石漠化影响，自然和人为因素联合作用影响着中国西南地区石漠化的演化进程。然而，目前研究中却很少量化驱动因素对石漠化演化影响的相对重要程度（Huang and Cai，2007；Jiang et al.，2009；Li et al.，2009；Xiong et al.，2009；Peng and Wang，2012；Jiang et al.，2014；Yan and Cai，2015）。上述研究大多对影响石漠化进程的驱动因素分别进行了判断和识别，并对主导驱动因素进行了定性或半定量评估，仅有少部分研究使用线性回归模型（Liu et al.，2008）、因子分析（李森等，2009）或冗余分析（Yang et al.，2011）等量化方法来定量刻画两者的关系。上述研究以县域单元或更大尺度研究单元作为分析驱动因子与石漠化关系的最小研究单元（例如，中国第三或第四个行政单位的规模），受此限制，缺少在精细空间尺度上对驱动因素与石漠化关系的深入刻画。另外，由于前期工作中缺乏对不同驱动因素之间相互作用的考虑，因此，分析驱动因素交互作用对石漠化的影响对于深入理解问题是非常有必要的，利用地理探测器模型（Wang et al.，2010b；Li et al.，2013）定量计算各种自变量对因变量相对重要性，可以有效量化和测度驱动因素及其相互作用与石漠化演化关系的空间一致性信息。

综上所述，本研究主要是探索喀斯特石漠化空间演化与其驱动因素之间的关系，利用地理探测器模型，量化不同自然和人为因素对石漠化演替进程影响的相对重要性，识别其主要驱动因素，并分析各驱动因素相互作用对石漠化恢复和加剧进程的影响。

5.2 石漠化演化多驱动因子数据 及其影响分析模型

5.2.1 石漠化演化及其多驱动因子量化

1. 喀斯特石漠化分级

本研究选取长顺县作为典型县研究区（图4-1），采用 Landsat 7 ETM +遥感影像绘制 2000 年和 2010 年长顺县的喀斯特石漠化空间分布图。其中，2010 年的遥感图像为中国科学院计算机网络信息中心地理空间数据云平台提供（http：//www. gscloud. cn/）提供的条形修复图像。基于基岩暴露、植被和土壤覆盖率的制图信息（Li et al.，2009），本研究将喀斯特石漠化类型分为无石漠化、潜在石漠化、轻度石漠化、中度石漠化、重度石漠化和极重度石漠化。通过目视解释绘制 2000 年和 2010 年长顺县喀斯特石漠化分布图（图4-3），其制图精度高达90.7%，可以进行后续分析。

由于石漠化分类结果为离散变量，而地理探测器模型要求因变量为连续变量（Wang et al.，2010b；Li et al.，2013），因此，需要将不同石漠化演化类型量化为可测量的连续变量。我们用 KRD_i 来表示喀斯特石漠化的不同程度，其中 i 的范围为 $1 \sim 6$，表示石漠化强度的六个增加水平：无石漠化、潜在石漠化、轻度石漠化、中度石漠化、重度石漠化和极重度石漠化（表5-1）。根据表5-1 中每个石漠化类别的基岩裸露率的中值对 KRD_i 进行赋值，即 $KRD_1 = 10$，$KRD_2 = 25$，$KRD_3 = 40$，$KRD_4 = 60$，$KRD_5 = 80$ 和 $KRD_6 = 95$。

表5-1　不同等级石漠化分类标准及石漠化指数赋值

石漠化等级	基岩裸露率/%	植被和土地覆盖率/%	石漠化指数赋值
KRD_1：无石漠化	< 20	> 80	10
KRD_2：潜在石漠化	$20 \sim 30$	$70 \sim 80$	25
KRD_3：轻度石漠化	$31 \sim 50$	$50 \sim 69$	40
KRD_4：中度石漠化	$51 \sim 70$	$30 \sim 49$	60
KRD_5：重度石漠化	$71 \sim 90$	$10 \sim 29$	80
KRD_6：极重度石漠化	> 90	< 10	95

计算每个栅格的石漠化演化指数如下：

$$E - KRD = KRD_i^{t_0} - KRD_j^t \qquad (5\text{-}1)$$

式中，t_0 和 t 分别为研究期间起始年和末尾年，即 2000 年和 2010 年；i 和 j 的范围从 1 到 6，代表 6 个石漠化类别；$KRD_j^{t_0}$ 和 KRD_i^t 分别为表 5-1 中 2000 年和 2010 年的各等级的石漠化指数数值。若 E-KRD 大于 0，则表明随着一个地区基岩率下降，受石漠化影响的土地有所改善，石漠化情况得到治理和恢复，定义为石漠化恢复指数；若 E-KRD 小于 0，表明研究期间石漠化等级增加，石漠化程度加剧，称之为石漠化加剧指数。E-KRD 的绝对值越大，表示石漠化转化（恢复/加剧）的程度越大。

2. 喀斯特石漠化驱动因素

基于前期研究，本研究共选取 9 个与石漠化演化密切相关的驱动因子来研究石漠化演替的驱动机制（Wang et al., 2004a; Jiang et al., 2009; Li et al., 2009; Yang et al., 2011）。其中，自然因素包括的土壤（Shi et al., 2004）、岩性、植被、海拔和坡度，人为因素包括与道路距离、与居民点距离、国内生产总值（GDP）和人口密度等。需要注意的是，由于人类活动复杂、难以被量化到详细的空间单元，因此，我们采用地理信息系统的空间分析技术计算与道路和居民点的距离，来量化人类活动影响程度的大小，如陡坡种植、超载放牧和乱砍滥伐等人类干扰活动，以及喀斯特石漠化治理与修复工程等。道路的分布与人类对自然资源利用活动相关（Yang et al., 2013），而居民点的分布与居民日常生活的范围和恢复项目的实施范围有关（Yang et al., 2011）。本研究利用缓冲方法计算与道路和居民点的欧几里得距离（即道路和居民点影响）作为人类活动分布的代表（Simpson and Christensen, 1997），距离越短表示人类活动影响越大。表 5-2 列出了九个驱动因子的详细数据来源和处理过程。

表 5-2　石漠化驱动因子数据概况

驱动因子	数据来源	格式	处理过程	类别	比例尺
土壤	中国科学院资源环境科学数据中心、中国科学院地理科学与资源研究所	矢量	格式转换	离散型	1：500 000
岩性	国家林业和草原科学数据共享服务平台	矢量	数字化与格式转换	离散型	1：500 000
植被	中国科学院资源环境科学数据中心、中国科学院地理科学与资源研究所	矢量	格式转换	离散型	1：500 000
海拔	中国科学院计算机网络信息中心地理空间数据云平台	栅格	重采样	连续型	1：50 000

续表

驱动因子	数据来源	格式	处理过程	类别	比例尺
坡度	中国科学院计算机网络信息中心地理空间数据云平台	栅格	基于海拔数据的GIS栅格计算	连续型	1：50 000
与道路距离	长顺县国土资源局	矢量	数字化与GIS栅格计算	连续型	1：50 000
与居民点距离	长顺县国土资源局	矢量	数字化与GIS栅格计算	连续型	1：50 000
GDP	中国科学院资源环境科学数据中心、中国科学院地理科学与资源研究所	栅格	重采样	连续型	1：500 000
人口密度	中国科学院资源环境科学数据中心、中国科学院地理科学与资源研究所	栅格	重采样	连续型	1：500 000

在地理探测器模型中，输入模型运转的自变量需为离散数据，因此，需要将连续数据自变量转换为离散数据（Wang et al., 2010b; Cao et al., 2013）。数据离散化处理可根据数据统计分布及分类规则或先验知识进行（Li et al., 2008; Wang et al., 2010a）。本研究选择的驱动因子中，除土壤、岩性和植被数据外，其他因子可视为连续变量（表5-1）。根据上述驱动因子的统计分布和先验知识判断，本研究主要使用 ArcGIS 软件中的自然中断方法并结合专业知识，将离散数据进行分级（图5-1）。由于连续变量具有局部分布差异，自然中断法可以最小化每个分级区间内数据与区间均值的平均偏差，同时最大化不同分级区间均值的差异程度，即该方法试图缩小区间内的方差，并扩大不同区间之间的方差。相应驱动因子的离散化和分级结果见图5-1。

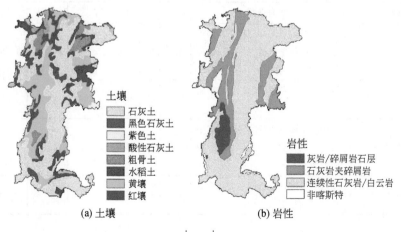

(a) 土壤   (b) 岩性

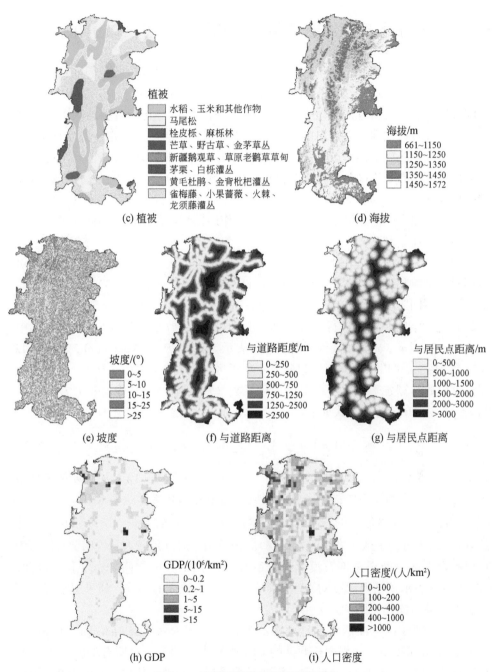

(c) 植被

植被
水稻、玉米和其他作物
马尾松
栓皮栎、麻栎林
芒草、野古草、金茅草丛
新疆鹅观草、草原老鹳草草甸
茅栗、白栎灌丛
黄毛杜鹃、金背枇杷灌丛
雀梅藤、小果蔷薇、火棘、
龙须藤灌丛

(d) 海拔

海拔/m
661~1150
1150~1250
1250~1350
1350~1450
1450~1572

(e) 坡度

坡度/(°)
0~5
5~10
10~15
15~25
>25

(f) 与道路距离

与道路距离/m
0~250
250~500
500~750
750~1250
1250~2500
>2500

(g) 与居民点距离

与居民点距离/m
0~500
500~1000
1000~1500
1500~2000
2000~3000
>3000

(h) GDP

GDP/(10^6/km²)
0~0.2
0.2~1
1~5
5~15
>15

(i) 人口密度

人口密度/(人/km²)
0~100
100~200
200~400
400~1000
>1000

图 5-1 长顺县石漠化演替驱动因子

5.2.2　基于地理探测器模型石漠化驱动因子贡献量化

地理探测器模型是一种新的空间分析工具，用于评估自变量及因变量之间的因果关系（Wang et al.，2010b；Hu et al.，2011；Li et al.，2013）。该模型可以探测空间分层性，比较目标对象（如本研究中的石漠化）与其背后驱动因素的空间一致性。地理探测器没有严格的变量假设或限制，广泛适用于定量和定性数据。该模型可以解决以下四个因子之间的关系（Wang et al.，2010b）：①风险探测器用以比较驱动因子不同分级区间对目标对象影响的差异是否显著；②因子探测器则是计算和比较不同驱动因子解释能力的高低；③生态探测器是测度每个驱动因子对目标对象影响的差异是否显著；④交互作用探测器则是比较不同驱动因子之间是独立的还是交互的。

因子力（PD）是地理探测器模型中用于评估单因子力和多因子交互关系对目标对象影响程度的度量指标（Wang et al.，2010b；Li et al.，2013）。地理探测器模型可对不同驱动因素分布层和喀斯特石漠化空间分布（即本研究中的 E-KRD系数）进行空间叠置并进行统计验证。驱动因素层的离散属性用 D_i 表示，其中 $i=1$，2，$\cdots$，n，；n 为驱动因素的数量，表示为 $D=\{D_i\}$（Wang et al.，2010b；Li et al.，2013），可以将研究区域划分为 n 个子区域（D_1，D_2，$\cdots$，D_n）。地理探测器模型以此计算各子区域的石漠化演化系数（E-KRD）的平均值和方差（表示为 $\sigma^2_{K_{D,i}}$）。PD 的计算公式如下：

$$\mathrm{PD}=1-\frac{1}{N\times\sigma^2_K}\sum_{i=1}^n N_{D,i}\times\sigma^2_{K_{D,i}} \tag{5-2}$$

式中，n 为整个研究区域被驱动因素 D 分割的子区域数量；$N_{D,i}$ 为驱动因素 D 的第 i 层子区域中的样本数；σ^2_K 为整个区域的石漠化演化系数（E-KRD）的方差；$\sigma^2_{K_{D,i}}$ 为在 D_i 的子区域上的石漠化演化系数（E-KRD）的方差。当每个 D_i 子区域的 $\sigma^2_{K_{D,i}}$ 较小时，子区域之间的方差较大，则因子力 PD 值较大，说明驱动因素 D 可以解释大部分乃至全部石漠化演化系数（E-KRD）的空间分布变化。因此，较高的 PD 表示驱动因素 D 对石漠化演化过程具有较大的影响。如果驱动因素完全影响区域石漠化，则 PD=1。

本研究采用 Excel 版本的地理探测器模型，即 Excel-GeoDetector（http：//www.geodetector.cn/）。根据长顺县的 GIS 地理边界信息，对所有的驱动因素和 E-KRD 指数进行 WGS84 投影矫正并进行重采样预处理，使用 100m×100m 的栅格大小对相关数据进行重采样处理，如图 5-2 所示。最后，将所有数据整理为 Excel-GeoDetector 的数据输入格式。

土壤类型数据标准化示例

土壤类型
☐ 石灰土
☐ 黄土
■ 土壤

图 5-2 地理探测器模型自变量数据标准化示例

5.3 多驱动因子对喀斯特石漠化演化的影响分析

5.3.1 喀斯特石漠化恢复和加剧指数

图 5-3 显示了长顺县 2000 ~ 2010 年的石漠化恢复和加剧指数，大部分区域都发生了石漠化等级的转化。呈现出以石漠化恢复为主并伴有石漠化加剧的总体趋势，发生石漠化等级转化区域的面积为 410km²，其中，301km² 区域的石漠化发生改善，而 109km² 的区域发生了石漠化加剧。石漠化恢复指数范围为 15 ~ 70，而石漠化加剧指数为 −85 ~ −15，发生石漠化恢复和加剧的区域及其强度表现出不同的空间分布特征。石漠化等级发生显著变化（即 E-KRD 的绝对值大）的区域面积相对较小且集中在局部区域。

具体来看，发生石漠化严重加剧的地区主要分布在威远镇和凯佐乡；相比之下，2000~2010 年石漠化明显得到改善的区域主要分布在长顺县西部，包括摆所镇和营盘乡。同时，E-KRD 绝对值较小，即石漠化等级的转换强度相对较低的区域则在整个研究区均有分布。

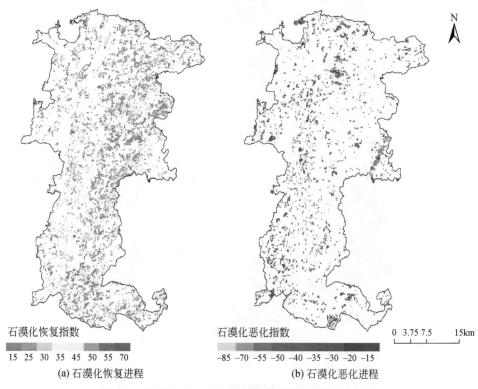

石漠化恢复指数	石漠化恶化指数	0 3.75 7.5 15km
15 25 30 35 45 50 55 70	−85 −70 −55 −50 −40 −35 −30 −20 −15	
(a) 石漠化恢复进程	(b) 石漠化恶化进程	

图 5-3　长顺县 2000~2010 年石漠化演替指数空间分布

5.3.2　驱动因素对喀斯特石漠化恢复进程的影响

1. 不同驱动因素对喀斯特石漠化恢复的贡献程度

使用地理探测器模型，计算影响石漠化恢复指数的九个驱动因子的 PD，分析驱动因子的相对贡献程度（图 5-4）。各驱动因子贡献率排序结果如下（括号中的数字是相应驱动因素的 PD）：岩性（0.154）>与道路距离（0.135）>土壤（0.120）>人口密度（0.105）>植被（0.088）>与居民点距离（0.073）>海拔（0.062）>坡度（0.029）> GDP（0.013）。

综上，PD 分别排名第一至第四的岩性、与道路距离、土壤和人口密度等是影响长顺县石漠化恢复的主要驱动因素。相比之下，坡度和 GDP 的 PD 排序最

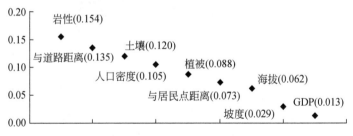

图 5-4 不同驱动因子对石漠化恢复进程影响的 PD 排序

末，对区域石漠化恢复空间分布的影响相对较小。结合 9 个驱动因子的 PD 排序，自然因素和人为因素均影响石漠化的恢复，并没有明显的贡献差异。这意味着自然因素（排名第一、第三、第五、第七和第八）和人为因素（排名第二、第四、第六和第九）对石漠化的恢复进程具有相近的影响。该结果表明，如果在石漠化恢复项目中考虑与石漠化相关的岩性差异性和土壤适宜性等自然因素的影响，石漠化治理效果将会提高。

2. 不同驱动因素分级对石漠化恢复进程的影响

利用地理探测器模型，同时计算每个驱动因素不同分级下石漠化恢复指数的平均值，并检验各分级结果之间差异的显著性。该计算有助于分析特定驱动因素如何影响石漠化的恢复进程。例如，岩性的因子力最大，表明岩性对石漠化恢复的影响程度最大。计算结果显示，三种岩性类型的石漠化恢复指数 E-KRD 平均值有显著差异，其分级 E-KRD 值如下（括号中的数字为相应的 E-KRD 指数值）：灰岩/碎屑岩互层和白云岩与碎屑岩互层（32.6）>灰岩夹碎屑岩组合和白云岩夹碎屑岩组合（27.7）>连续性石灰岩组合和连续性白云岩组合（22.3）。结果表明，石灰岩或白云岩的比例与石漠化恢复强度密切相关，连续性石灰岩组合和连续性白云岩组合中石灰岩或白云岩的比例高，该岩溶环境下的立地条件不利于石漠化的恢复，因此石漠化恢复指数 E-KRD 的平均值最低。

研究结果还表明，作为人类活动程度的表征，与道路距离和石漠化恢复指数的空间分布密切相关。表 5-3 列出了与道路距离的 6 个等级及石漠化恢复指数平均值。结果表明，与道路距离的远近和石漠化恢复强度呈正相关关系，说明道路影响越大（即与道路距离越短，交通越便捷），与石漠化修复相关的人类活动强度则越大，越有利于石漠化恢复项目的选址和实施，促进石漠化恢复。

表5-3 与道路距离分级的石漠化恢复指数平均值比较

等级	等级1	等级2	等级3	等级4	等级5	等级6
等级1						
等级2	Y					
等级3	Y	Y				
等级4	Y	Y	N			
等级5	Y	Y	Y	Y		
等级6	Y	Y	Y	Y	N	

注：①与道路距离分级标准如下：等级1（0~250m）；等级2（250~500m）；等级3（500~750m）；等级4（750~1250m）；等级5（1250~2500m）；等级6（>2500m）。

②Y表示两个等级之间的统计数值在95%的置信水平上有显著差异；N则表示两个等级之间的统计数值在95%的置信水平上无显著差异。该案例中统计数值为石漠化恢复指数平均值。

③6个与道路距离分级的平均石漠化恢复指数大小排序如下：等级2（27.1）>等级1（26.3）>等级3（24.0）≈等级4（22.6）>等级5（20.6）≈等级6（20.1）。其中，"≈"指的是两个等级之间的统计数值在95%的置信水平上无显著差异

3. 驱动因素交互作用对石漠化恢复进程的贡献程度

两个驱动因素（A和B）对石漠化恢复的交互影响，通常不仅是驱动因素A和B单独影响的简单线性求和，即PD $(A \cap B) \neq$ PD (A) + PD (B)。利用地理探测器模型可计算获取表征上述驱动因素A和B交互影响的交互因子力PD $(A \cap B)$。通过表5-4展示的驱动因素交互影响排前10的PD（范围为0.205~0.283），可以发现，所有交互因子力均大于单个因子力的最高值［即PD（岩性）=0.154］。这表明驱动因素对石漠化恢复的交互影响将大于单一因子的影响，即PD $(A \cap B)$>PD (A)或PD (B)。另外，植被与道路距离、人口密度与海拔对石漠化恢复进程的交互影响均表现出了非线性增强作用，即PD$(A \cap B)$>PD(A)+PD(B)。

表5-4 不同驱动因子对石漠化恢复进程的交互作用特征

A、B交互	A因子	B因子	$A+B$	关系	解释
岩性∩与道路距离=0.283	0.154	0.135	0.289	$C<A+B;C>A,B$	↑
土壤∩与道路距离=0.240	0.120	0.135	0.255	$C<A+B;C>A,B$	↑
与道路距离∩植被=0.229	0.135	0.088	0.223	$C>A+B$	↑↑
岩性∩土壤=0.210	0.154	0.120	0.274	$C<A+B;C>A,B$	↑
岩性∩人口密度=0.210	0.154	0.105	0.259	$C<A+B;C>A,B$	↑
岩性∩与居民点距离=0.208	0.154	0.073	0.227	$C<A+B;C>A,B$	↑

续表

A、B 交互	A 因子	B 因子	A+B	关系	解释
海拔∩人口密度=0.208	0.062	0.105	0.167	C>A+B	↑↑
岩性∩海拔=0.205	0.154	0.062	0.216	C<A+B；C>A,B	↑
土壤∩植被=0.205	0.120	0.088	0.225	C<A+B；C>A,B	↑
与道路距离∩人口密度=0.206	0.135	0.105	0.240	C<A+B；C>A,B	↑

注：↑表示因子之间是一般增强，↑↑表示因子之间影响是非线性的显著增强

5.3.3 驱动因素对喀斯特石漠化加剧进程的影响

1. 不同驱动因素对喀斯特石漠化加剧的贡献程度

应用地理探测器模型，计算了影响石漠化加剧进程的 9 个驱动因子的 PD（图 5-5）。结果如下（括号中的数字是相应驱动因素的 PD）：土壤（0.194）>岩性（0.151）>与道路距离（0.143）>与居民点距离（0.140）>海拔（0.138）>植被（0.099）>坡度（0.056）>GDP（0.022）>人口密度（0.014）。

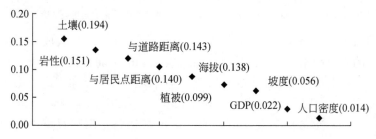

图 5-5　不同驱动因子对石漠化加剧进程影响的 PD 排序

对比发现，影响石漠化恢复进程与加剧进程的驱动因素贡献率的顺序并不相同。除了与居民点距离外，岩性、土壤和与道路距离三个驱动因素不仅是影响长顺县石漠化恢复进程的主要因素，还是影响石漠化加剧的主要驱动因素。而 GDP 和人口密度两个因素对石漠化加剧的影响较小。比较自然和人为因素的贡献率高低，可以发现，自然因素（排名第一、第二、第五、第六和第七）比人为因素（排名第三、第四、第八和第九）对石漠化加剧的影响大。

2. 不同驱动因素分级对石漠化加剧进程的影响

根据影响石漠化加剧进程的驱动因素的 PD 排序，土壤类型的 PD 最高，表明其对石漠化加剧进程的影响最大。表 5-5 展示的 8 种土壤类型之间石漠化加剧平均指数有显著差异。8 种土壤类型对石漠化加剧进程影响程度从大到小的顺序

分别为：酸性石灰土（－57.0）≈ 紫色土（－53.1）＞红壤（－36.6）≈ 黄壤（－35.3）＞水稻土（－33.3）＞石灰土（－28.7）＞粗骨土（－23.8）＞黑色石灰土（－15）（其中"≈"表示两个变量的退化指数之间没有显著差异）。这主要因为土壤类型的不同保水特性与土壤易蚀性，对石漠化的加剧进程有不同影响，结果表明，在长顺县酸性石灰土和紫色土容易加剧石漠化的发生。

表5-5　不同土壤类型的石漠化加剧指数平均值比较

土壤类型	石灰土	黑色石灰土	紫色土	酸性石灰土	粗骨土	水稻土	黄壤	红壤
石灰土								
黑色石灰土	Y							
紫色土	Y	Y						
酸性石灰土	Y	Y	N					
粗骨土	Y	Y	Y	Y				
水稻土	Y	Y	Y	Y	Y	Y		
黄壤	Y	Y	Y	Y	Y	Y		
红壤	Y	Y	Y	Y	Y	Y	N	

注："Y"表示两个等级之间的统计数值在95%的置信水平上有显著差异；"N"则表示两个等级之间的统计数值在95%的置信水平上无显著差异。该案例中统计数值为石漠化加剧指数平均值

人为因素中与道路距离PD值排序最靠前（第三位），再次成为影响石漠化加剧最重要的人为因素。与道路距离标准人类活动的强弱，根据从近到远被分为6个等级，分别计算石漠化和指数平均值，各等级对石漠化加剧进程影响程度从大到小的顺序为（图5-6）：2级（－39.8）＞6级（－36.3）＞1级（－34.1）＞4级（－32.3）＞5级（－28.6）＞3级（－27.0），表明与道路距离和石漠化加剧强度呈现非单一的相关关系。1级和2级区域距道路最近，石漠化加剧指数的绝对值排第三和第一位，说明高强度的人类活动一定程度上会加剧石漠化的发生。随着与道路距离的增加，人类扰动的强度降低，3级、4级和5级区域石漠化加剧程度降低。然而，6级区域石漠化加剧强度排第二位，表明在人类活动很少的区域也容易发生石漠化加剧，这可能受其他驱动因素影响，需要耦合各驱动因素的交互作用进行综合分析。

3. 驱动因素交互作用对石漠化加剧进程的贡献程度

表5-6列出了对驱动因素交互作用对石漠化加剧进程影响程度排序前10的组合，交互因子PD为0.284～0.477。与石漠化恢复进程的影响不同的是，除了海拔与岩性的交互作用影响外，其他驱动因素对石漠化加剧的交互影响都显示出非线性增强效应。其中，土壤类型与岩性类型的交互因子PD最大，达到了0.477，远大于两者线性总和的0.345。比较单因素分级的石漠化加剧指数平均

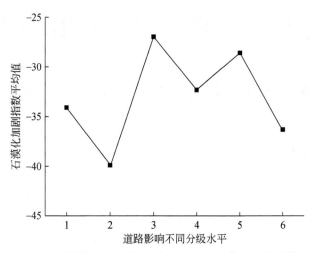

图 5-6　道路影响不同分级水平的平均石漠化恶化指数

值，结果发现，岩性类型中连续性石灰岩/白云岩的石漠化加剧指数最小，为−
57.0；而土壤类型中酸性石灰土的石漠化加剧指数最小，为−35.3。如果某区域
分布为上述的岩性类型和土壤类型，那么连续性石灰岩/白云岩的高渗透性和酸
性石灰土的易蚀性的交互作用将容易加剧喀斯特石漠化的发生。

表 5-6　不同驱动因子对石漠化恶化程度的交互作用特征

A、B 交互	A 因子	B 因子	A+B	关系	解释
土壤∩岩性=0.477	0.194	0.151	0.345	C>A+B	↑↑
土壤∩与居民点距离=0.423	0.194	0.140	0.334	C>A+B	↑↑
土壤∩与道路距离=0.384	0.194	0.143	0.337	C>A+B	↑↑
土壤∩海拔=0.338	0.194	0.138	0.332	C>A+B	↑↑
土壤∩植被=0.336	0.194	0.099	0.293	C>A+B	↑↑
道路∩与居民点距离=0.331	0.143	0.140	0.283	C>A+B	↑↑
岩性∩与道路距离=0.311	0.151	0.143	0.294	C>A+B	↑↑
与居民点距离∩海拔=0.308	0.140	0.138	0.278	C>A+B	↑↑
道路∩海拔=0.288	0.143	0.138	0.281	C>A+B	↑↑
岩性∩海拔=0.284	0.151	0.138	0.289	C<A+B；C>A, B	↑

注：↑表示因子之间是一般增强，↑↑表示因子之间影响是非线性的显著增强

5.4 驱动因子对喀斯特石漠化演化的贡献解析

5.4.1 喀斯特石漠化演化的主要驱动因子识别

对比以往的研究结果，本研究应用 GIS 空间分析技术和地理探测器模型，能够挖掘和刻画更精细的石漠化演化驱动机制的空间信息（Huang and Cai, 2007；Liu et al., 2008；Li et al., 2009；Xiong et al., 2009；Jiang et al., 2009, 2014）。前期的研究往往忽略了驱动因素对石漠化演化影响的空间局部信息的差异和各种驱动因素之间的交互作用。本研究利用地理探测器模型，通过 9 个驱动因子和石漠化演化系数的空间一致性比较，计算了表征驱动因素对石漠化演化进程贡献率的 PD。通过单因子 PD 和交互因子 PD 的大小，本研究识别了不同驱动因素对石漠化演化的相对重要性，并解释驱动因素交互作用对石漠化演替进程的综合影响。

岩石、土壤和与道路距离三个驱动因子是长顺县石漠化演化的主要影响因素。岩性类型相关的岩石渗透性以及土壤类型相关的土壤形成与侵蚀速率等构成了显著影响石漠化演化的基本地理环境（Peng et al., 2013；Jiang et al., 2014）。自然因素对石漠化演化的影响表明，长顺县的石漠化修复工程设计需要更多考虑岩性和土壤等因素及其交互作用的影响，石漠化的治理和恢复需要"顺应自然"。同时，本研究结果也证实了人为因素对石漠化恢复或者加剧进程的重要影响。特别是，作为人类活动强度表征的驱动因素——与道路距离的 PD 贡献率的排序在石漠化恢复和加剧进程中分别排第二和第三位。与道路距离的远近表征人类活动的可达性，进而影响石漠化恢复工程的可达性以及人类干扰等复杂的人类活动的强弱，从而影响石漠化的演替进程。便捷的道路可达性确实在一定程度上可以促进石漠化恢复项目的成功实施（Deng et al., 2011；Yang et al., 2011；Xu et al., 2013），但当道路深入（或改善）某个区域时，也可能加大资源开发力度（Deng et al., 2011），导致石漠化加剧（Mick, 2010；Yang et al., 2013）。道路建设会新增许多硬化表面和路堤（Lee et al., 2013）、裸露的路堤（特别是正在建设中的路堤）（Cerdà, 2007）和未铺砌的道路（Cao et al., 2015），可能导致严重的土壤侵蚀。因此，在道路建设过程中应采取恢复与保护措施，尽量减少水土流失，保证土壤覆盖（Jimenez et al., 2013；Lee et al., 2013）。新的石漠化治理措施应强调道路建设对植物和动物栖息地的影响，充分利用当地物种对道路周围土地进行植被恢复（Cheng et al., 2013）。

5.4.2　自然和人为因素石漠化演化的贡献程度比较

本研究以长顺县为例，通过测度自然因素和人为因素对石漠化影响的相对重要程度，揭示了一些不同于以往判断的有趣现象。前期的研究往往认为人类活动对石漠化演化进程的影响比自然因素中更为显著（Lan and Xiong, 2001；Li et al., 2009；Yang et al., 2011；Yan and Cai, 2015），仅有少量研究认为自然因素也是影响石漠化的主要因素（胡宝清等，2004；单洋天，2006；谷晓平等，2011）。在本研究中，根据驱动因素的因子力顺序，自然因素和人为因素对石漠化恢复进程的影响没有显著差异（表5-7），而自然因素甚至比人为因素对石漠化加剧的影响更大。不同时空尺度的案例研究中驱动因素对喀斯特石漠化影响往往呈现不同结果（杨青青等，2009b），虽然本研究的结果只是长顺县的个别案例结果，并没有足够的证据说明影响石漠化演化的主导因素是自然因素还是人为因素，但两类因素对石漠化演化影响的重要性都不可以被忽视。在野外调查中发现，若人为因素条件相近，可以发现相邻的碳酸盐岩区域和非碳酸盐岩（花岗岩）区域的石漠化特征形成鲜明对比：在碳酸盐岩为主的区域基岩裸露，石漠化现象明显；而非碳酸盐岩地区植被覆盖茂密，并没有明显的岩石裸露现象。此外，历史研究表明石漠化现象在没有明显人类活动干扰之前也有显著的发育，1940年贵州疑似石漠化的空间分布与2005年的现状呈现相似的空间分布格局（韩昭庆和杨士超，2011）。在经历长时间人口快速增长和人类活动干扰后，除铜仁市及其周边地区外，石漠化严重程度的空间分布范围保持相对稳定。以上证据表明，虽然人类活动是石漠化演替进程的重要驱动因子，但也不能过分强调人为因素对石漠化的影响。喀斯特是一个综合而独特的地理类型，石漠化现象是由自然因素和人为因素联合引起的（Febles-González et al., 2012）。石漠化发生在特定的喀斯特背景下，人为因素可以在相对较短的时间内加剧或逆转石漠化，但不是唯一的主要驱动因素（张殿发等，2001）。缺少特定的岩溶喀斯特环境，不合理的人类活动往往很难导致喀斯特石漠化的发生（单洋天，2006）。

表5-7　不同驱动因子对石漠化恢复/加剧进程影响的 PD 比较

驱动因子	石漠化恢复		石漠化加剧	
	PD	排序	PD	排序
土壤类型	0.120	3	0.194	1
岩性类型	0.154	1	0.151	2
植被类型	0.088	5	0.099	6

续表

驱动因子	石漠化恢复		石漠化加剧	
	PD	排序	PD	排序
海拔	0.062	7	0.138	5
坡度	0.029	8	0.056	7
与道路距离	0.135	2	0.143	3
与居民点距离	0.073	6	0.140	4
GDP	0.013	9	0.022	8
人口密度	0.105	4	0.014	9

此外，以往研究中往往认为坡度对石漠化有显著影响（Huang and Cai，2007；Jiang et al.，2009），但在我们的研究中，这一因素对石漠化恢复和加剧影响程度相对较小，PD 分别仅排名第八（石漠化恢复）和第七（石漠化加剧）。坡度影响着水土流失的动力，陡坡容易加剧土壤的侵蚀和流失，进而导致基岩裸露，是导致石漠化发生的原因之一（Ying et al.，2014）。因此，长顺县发生石漠化的区域主要位于坡度相对较高的地区，且缓坡区域的石漠化恢复指数 E-KRD 平均值大于陡坡区域的恢复指数平均值。与此同时，在我们实地调查中发现，位于陡坡的局部地区植被覆盖度较高，并没有发生石漠化现象，这可能是因为陡坡虽然容易导致土壤侵蚀，但同时由于限制了人类活动的范围，减少了人为干扰（Xu et al.，2013），更有利于石漠化的控制。坡度较低区域（特别是<5°）是适宜农业种植的区域，人类扰动大，在这些区域，不合理的人类活动更容易导致石漠化（Huang and Cai，2007）。因此，坡度对喀斯特地区的土壤侵蚀可能不会起重要的影响（Peng et al.，2013），坡度与其他因素不一致的空间分布和复杂交互效应，导致石漠化演化过程与坡度的空间分布不一致，坡度对石漠化的解释能力较低。

5.4.3 驱动因素交互作用对石漠化演化的影响

截至目前，很少有研究探索不同驱动因素对石漠化演化进程的交互影响。本研究结果表明，多驱动因素的交互作用将对石漠化产生更大的影响，多因子的交互 PD 皆大于单因子 PD。驱动因素的交互作用对石漠化恢复进程的影响主要表现为一般性的增强，即"PD $(A \cap B)$<PD(A)+PD(B)"（表 5-4），而对石漠化加剧进程的影响主要表现为非线性增强，即"PD$(A \cap B)$>PD(A)+PD(B)"（表 5-6）。这说明驱动因素的交互作用对石漠化加剧的影响更为显著。与单因子影响相比，在未来的研究中应重点探讨多因子交互作用对石漠化演替进程的非线性增强效应，以更好地认识石漠化演化进程，有效控制和治理石漠化。例如，在石漠化恢复项目设计中，应考虑土壤与岩性的交互作用对石漠化加剧的影响，以及植被和与道路距离的交互作用对石漠化恢复的影响。

需要指出的是，我们的研究还存在一些不确定性。陡坡种植、超载放牧、乱砍滥伐等不合理的人类活动（Liu et al., 2008; Li et al., 2009; Wu et al., 2011; Jiang et al., 2014; Yan and Cai, 2015），很难以直接的方式进行度量，且无法进行详细的空间信息刻画。因此，本研究选择与道路和居民点的距离作为人类活动强弱的表征，这样的做法在以往的研究中已被证明是切实有效且可以接受的。此外，影响石漠化恢复的 9 个驱动因素的单因子 PD 和为 0.779，而石漠化加剧的 PD 和为 0.957，通过比较 PD 和可以看出，我们选择的驱动因素对石漠化加剧进程的解释程度比恢复进程的解释程度更大，也说明了个别驱动因素在本研究中并没有被纳入考虑，从而导致了驱动因素解释能力的差异。实际上，我们无法在研究中包含所有驱动因素，如气象因素在本研究中被忽略，这主要是由于县级尺度的气象因素空间差异没有足够的气象站点，难以刻画，且气象因素与地形因素的空间分布具有较高的相关性，因此，本研究中并没有考虑。未来的研究中可进一步探索气候因素对石漠化演化进程的作用，并预估气候变化引起的频繁干旱和极端洪水对石漠化演化的影响（Huang et al., 2009; 谷晓平等，2011; Jiang et al., 2014）。尤其在宏观尺度研究中，探索气象因素的重要性及其与其他驱动因素的交互作用将是很有意义的。

5.4.4　自然和人为因素对石漠化贡献率的启示

深入认识和综合探索影响石漠化演化进程的驱动机制，挖掘更多的有效信息，可以辅助支撑脆弱岩溶环境石漠化进一步恢复。本研究采用地理信息系统技术度量与道路距离和与居民点距离来量化陡坡种植、超载放牧、乱砍滥伐和石漠化恢复项目等人类活动信息。应用地理探测器模型，对长顺县石漠化演化进程及其驱动因素的关系进行精细尺度的空间信息研究。自然因素和人为因素对石漠化演替影响的顺序表明，各驱动因素对石漠化恢复或加剧进程存在不同的贡献程度。岩性、土壤和与道路距离是影响长顺县 2000～2010 年石漠化演化进程的主要相关驱动因素。自然因素和人为因素对石漠化恢复进程的影响没有显著差异，但自然因素对石漠化加剧进程的影响比人为因素大。研究结果表明，喀斯特地区特殊的岩溶环境是易受人类活动影响的脆弱环境，人为因素叠加自然因素对石漠化演替进程产生显著影响。本研究虽然没有足够的证据说明影响石漠化的主导因素是自然因素还是人为因素，但自然和人为因素的交互作用会对石漠化演替进程产生非线性增强的作用，显著加剧了石漠化的发生。本研究探索了影响石漠化演化的相关驱动因素，有助于辅助支撑石漠化恢复，而本研究存在的不足和限制可在未来的研究中进一步探讨和改进。

第6章 基于地理加权回归的喀斯特石漠化驱动因子影响空间差异量化

　　分析和识别石漠化的关键影响因子，有助于有效治理和恢复石漠化。以往研究对影响因子的空间局部差异关注较少，本研究以典型黔桂喀斯特山区为研究区，选取自然及社会经济等 12 个影响因子，利用地理加权回归（GWR）模型，在普通线性回归的基础上嵌入空间因素，分析石漠化影响因子的空间分异（许尔琪，2017）。结果表明，黔桂喀斯特山区的石漠化 Moran's I 指数大于正态函数在 99% 显著水平，存在明显的空间聚集现象。GWR 模型的 R^2（0.508）明显高于传统统计模型的 R^2（0.156），回归模型拟合效果显著提高。12 个影响因子与石漠化关系呈现不同数值大小、正负效应和线性组合关系的空间分布差异。人类活动叠加在喀斯特殊的岩性、土壤和植被组合上，显著影响石漠化分布；同时，局部区域高强度人类活动导致石漠化的急剧变化。GWR 模型可揭示石漠化影响因子的空间分异规律和局部的关键影响因子，刻画多因子组合作用对石漠化的影响，有助于差别化开展小流域石漠化治理。

6.1 喀斯特石漠化驱动因子影响空间差异的研究背景

　　喀斯特石漠化吞噬了西南岩溶地区民众的生存空间，并影响着中下游珠江、长江流域的生态安全，制约区域经济社会可持续发展（王世杰，2003；Wang et al.，2004a；Bai et al.，2013）。研究表明，石漠化的影响因子众多（Liu et al.，2008；Jiang et al.，2009；Yang et al.，2011；Xu and Zhang，2014；Li et al.，2015），自然因素包括地质条件、气候因素、地形因子和地貌类型等（李瑞玲等，2003，2006；王世杰等，2003；张信宝等，2013），人为因子既包括毁林开荒、坡地种植、超载过牧和开山开矿等加剧石漠化的行为，也包括生态修复工程等治理石漠化的因素（袁道先，2008；Qi et al.，2013；李阳兵等，2013；Zhang et al.，2015；

Tong et al., 2017)。不同案例区影响石漠化的关键因素各不相同, 贡献率也有显著差异 (Liu et al., 2008; Yang et al., 2011; Xu and Zhang, 2014), 但这些研究却很少关注石漠化与影响因子关系在案例区内的空间差异。分析和识别石漠化的关键驱动因素及其贡献程度, 有助于治理石漠化。

考虑到石漠化治理和植被恢复多是以小流域为单元①, 如果缺乏对因子影响程度空间分布的认识, 将影响石漠化治理规划和工程制定的准确性, 尤其随着研究区面积的增加, 空间差异和不确定性将进一步增加。因此, 本研究选定典型黔桂喀斯特山区, 采用 GWR 模型, 辨析石漠化与影响因子关系的空间差异, 为喀斯特地区石漠化治理提供科学依据。

6.2　黔桂喀斯特山区数据来源及分析方法

6.2.1　黔桂喀斯特山区石漠化影响因子选取

本研究选取黔桂喀斯特山区作为研究区 (图 2-2), 因石漠化分级标准较多, 尚无统一定论, 本研究采用国家林业局解译的石漠化空间分布数据 (2011 年)②, 并对部分结果进行人工修正, 主要依据基岩裸露、植被覆盖和土壤覆盖程度进行石漠化分级 (表 3-3), 将石漠化强度等级分为无石漠化、潜在石漠化、轻度石漠化、中度石漠化、强度石漠化和极强度石漠化 6 类等级, 并将定性的 6 类等级分别用 1~6 进行赋值, 以用于地理加权回归模型的运转。对比以往研究对石漠化影响因子贡献程度的结果 (Liu et al., 2008; Jiang et al., 2009; Yang et al., 2011; Xu and Zhang, 2014; Li et al., 2015), 考虑数据的可获得性, 本研究共选取 12 个影响因子 (图 6-1), 包括社会经济、空间距离、地形、气候、植被、立地条件和土地利用等因素, 其数据来源及处理过程见表 6-1。以 1km×1km 栅格单元对石漠化和影响因子进行空间重采样, 共计 21.41 万个单元, 进行后续分析。

---

① 《中华人民共和国国民经济和社会发展第十个五年计划纲要》提出 "加快小流域治理, 减少水土流失。推进黔桂滇岩溶地区石漠化综合治理"。
② 见 2012 年《中国石漠化状况公报》。

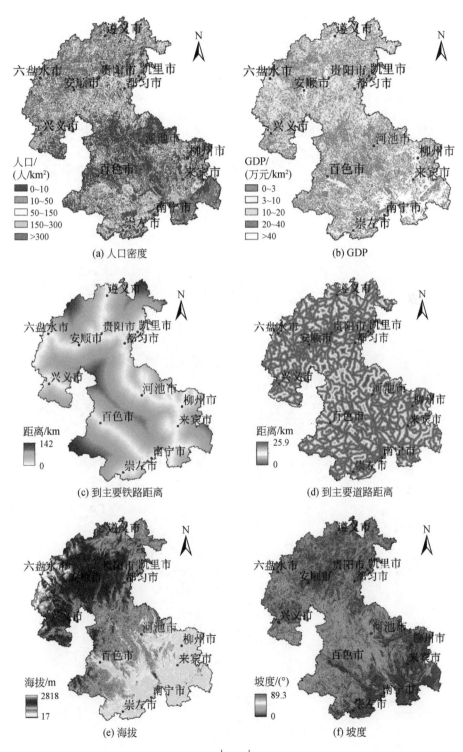

(a) 人口密度

(b) GDP

(c) 到主要铁路距离

(d) 到主要道路距离

(e) 海拔

(f) 坡度

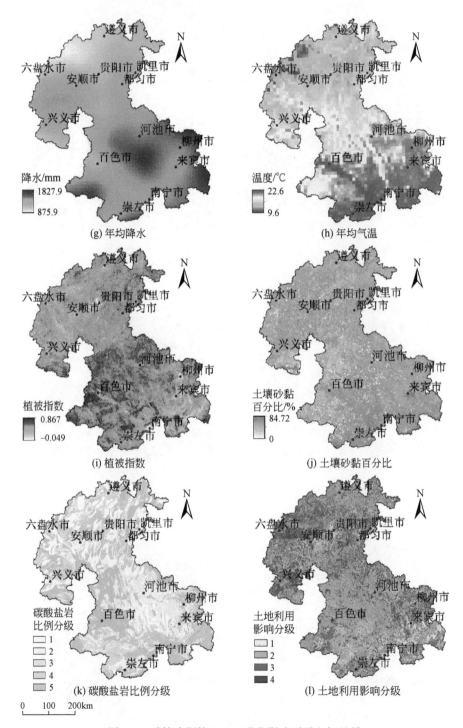

图 6-1　黔桂喀斯特山区石漠化影响因子空间差异

表 6-1　黔桂喀斯特山区石漠化影响因子及其数据来源、处理过程

类型	影响因子（代码）	描述	数据来源及处理
社会经济	人口密度（x_1）	空间单元的人口密度数据（2010 年）	中国科学院资源环境科学数据中心，人口密度数据集
	GDP（x_2）	空间单元的国民生产总值（2010 年）	中国科学院资源环境科学数据中心，GDP 数据
空间距离	到主要铁路距离（x_3）	空间单元中心到线状铁路的最近距离（2010 年）	中国科学院资源环境科学数据中心，道路数据集和距离分析工具（ArcGIS 10.1）
	到主要道路距离（x_4）	空间单元中心到线状公路的最近距离（2010 年）	中国科学院资源环境科学数据中心，公路数据集和距离分析工具（ArcGIS 10.1）
地形	海拔（x_5）	空间单元中心点的海拔数值	中国科学院计算机网络信息中心地理空间数据云
	坡度（x_6）	空间单元切平面与水平面夹角	中国科学院计算机网络信息中心地理空间数据云和地形分析工具（ArcGIS 10.1）
气候	年均降水（x_7）	空间单元平均降水数值（1980～2011 年）	寒区旱区科学数据中心中国区域高时空分辨率地面气象要素驱动数据集
	年均气温（x_8）	空间单元平均气温数值（1980～2011 年）	寒区旱区科学数据中心中国区域高时空分辨率地面气象要素驱动数据集
植被	植被指数（x_9）	空间单元的植被指数数据（2011 年）	美国国家航空航天局的陆地过程分布式数据档案中心
立地条件	土壤砂黏百分比（x_{10}）	空间单元土壤砂黏百分比	寒区旱区科学数据中心，中国土壤特征数据集
	碳酸盐岩比例分级（x_{11}）	空间单元的碳酸盐岩比例分级数据	喀斯特数据中心，1 级为连续性灰岩、白云岩，2 级为灰岩白云岩混合岩，3 级为灰岩夹碎屑岩、白云岩夹碎屑岩，4 级为灰岩白云岩碎屑岩互层、灰岩碎屑岩互层，5 级为碎屑岩
土地利用	土地利用影响分级（x_{12}）	空间单元土地利用对石漠化影响分级（2010 年）	中国科学院资源环境科学数据中心，土地利用数据集，1 级为建设用地、水域、水田和未利用地，2 级为林地，3 级为旱地，4 级为草地

6.2.2 石漠化驱动因子数据标准化处理

为避免指标之间由于量纲和数量级的影响，本研究采取 Z-score 标准化方法将石漠化分级及影响因子进行标准化处理，转化函数如下：

$$x' = \frac{x - \mu}{\sigma} \tag{6-1}$$

式中，x' 为标准化后数值；x 为原始数值；μ 为样本数据均值；σ 为样本数据标准差。

采用容差及方差膨胀因子（variance inflation factor，VIF）对影响因子与石漠化关系进行共线性检验，以避免由于因素之间高度共线影响回归分析结果。各影响因子容差均大于 0.1，VIF 均小于 10（表 6-2），表明因素之间不存在高度共线性，可直接进行回归分析。

表 6-2　黔桂喀斯特山区石漠化与影响因子共线性检验结果

影响因子	共线性统计量		影响因子	共线性统计量	
	容差	VIF		容差	VIF
x_1	0.682	1.466	x_7	0.554	1.805
x_2	0.773	1.294	x_8	0.225	4.439
x_3	0.880	1.137	x_9	0.673	1.485
x_4	0.900	1.110	x_{10}	0.962	1.040
x_5	0.244	4.102	x_{11}	0.951	1.051
x_6	0.814	1.228	x_{12}	0.931	1.074

6.2.3 石漠化分布格局的全局空间自相关检验

选取 Moran's I 指数检验石漠化分布的空间自相关性，判断其在空间上集聚的特点和平均集聚程度（Sawada，2004），其计算公式如下：

$$I = \frac{n \sum_{i=1}^{n} \sum_{j=1}^{n} W_{ij}(X_i - \overline{X})(X_j - \overline{X})}{\sum_{i=1}^{n} \sum_{j=1}^{n} W_{ij} \sum_{i=1}^{n} (X_i - \overline{X})^2} \tag{6-2}$$

式中，i、j 为所在单元；n 为空间单元总数；W_{ij} 为空间单元 i、j 之间的影响程度，若相邻则值为 1，不相邻为 0；X_i、X_j 为 X 在相应空间单元 i 和 j 上的石漠化分级数值；$\overline{X}$ 为 X 的平均值。I 值区间为 $[-1, 1]$，值越趋近于 1 或者 -1，表明空间分布差异性越大，接近 0 则代表单元间不相关。应用 ArcGIS 10.1 软件中的 Moran's I 指数工具进行计算。

6.2.4　基于地理加权回归模型的驱动因子影响空间分布量化

GWR 模型是对普通线性回归–最小二乘法（OLS）的扩展，将数据地理位置镶嵌到回归模型之中（Brunsdon et al., 1996；Fotheringham et al., 2003），可体现空间分异规律，反映自变量与因变量在空间上的相互影响关系。其计算公式如下：

$$y_i = \beta_0(u_i,\ v_i) + \sum_{j=1}^{P} \beta_j(u_i,\ v_i) x_{ij} + \varepsilon_i \tag{6-3}$$

式中，i 为样本点；y_i 为样本点 i 的因变量；（u_i, v_i）为样本点 i 的空间位置；$\beta_0(u_i,\ v_i)$ 为样本点（u_i, v_i）位置的截距项，$\beta_j(u_i,\ v_i)$ 为连续函数 $\beta_j(u,\ v)$ 在样本点 i 的值；P 为样本点 i 独立变量的个数；ε_i 为随机误差项。

利用 ArcGIS 10.1 软件中的 GWR 工具来实现模型构建，以高斯函数确定权重，并选取 AIC（akaike information criterion）信息准则方法确定最有效带宽。

6.3　黔桂喀斯特山区石漠化及其影响因子的空间格局

6.3.1　喀斯特石漠化空间分布

黔桂喀斯特山区 2011 年在各石漠化等级均有所分布（图 6-2），其中，无石漠化和潜在石漠化面积最大，分别为 13.59 万 km² 和 3.35 万 km²，各占总面积的 63.48% 和 15.66%；其余类型石漠化面积较低，重度、中度和轻度石漠化分别列第三至第五，比例分别为 8.23%、6.73% 和 4.84%，极重度石漠化面积最少，所占比例仅为 1.06%。Moran's I 指数为 0.563 181，标准化统计量 Z 得分为 514.974 354，大于正态函数在 99% 显著水平时的临界值 2.58，表明石漠化存在着显著空间集聚现象（图 6-3）。

无石漠化是全区基底，其余等级石漠化在贵州和广西的空间分布有一定差异。广西范围内石漠化的分布相对集中且等级差别相对明显，广西东南部和西部石漠化等级相对较低，以无石漠化等级分布为主，而中部石漠化等级相对较高，重度石漠化和极重度石漠化等级集中分布在该区域。贵州范围内石漠化的空间分布格局更为分散，以潜在石漠化和轻度石漠化两种等级分布为主，在各个区域皆有所分布，中度以上等级石漠化则多分布在西部。

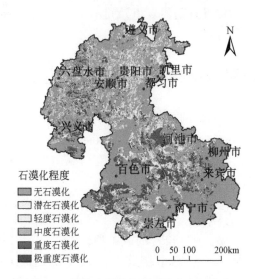

图 6-2　黔桂喀斯特山区石漠化空间分布

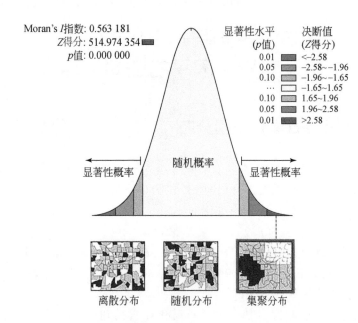

图 6-3　黔桂喀斯特山区石漠化的空间自相关检验结果

6.3.2 石漠化与其驱动因子的地理加权回归模型拟合结果

GWR 模型与 OLS 模型相比，其拟合效果显著提高（表 6-3），GWR 模型的调整可决系数（0.508）明显高于 OLS 模型（0.156），GWR 模型的 AIC（42 551.165）远小于 OLS 模型（564 901.811）。同时，GWR 模型的标准化残差值的范围在 [−3.37，3.65]，其中约 99.76% 的范围在 [−2.58，2.58]，表明标准化残差值在 99% 的显著性水平下是随机分布。

表 6-3　GWR 模型参数估计及检验结果

模型参数	OLS 模型	GWR 模型
带宽	—	6 928.466
残差平方和	—	9 823.062
有效数量	—	1 678.221
残差估计标准差	—	0.779
信息准则	564 901.811	42 551.165
可决系数	0.156	0.554
调整可决系数	0.156	0.508

GWR 模型对自变量在每个空间位置的回归系数进行局部统计，分别得到回归系数的直方图累积分布（图 6-4）及统计特征（表 6-4）。人口密度（x_1）、GDP（x_2）、到主要道路距离（x_4）、海拔（x_5）、坡度（x_6）、年均气温（x_8）、植被指数（x_9）、土壤砂黏百分比（x_{10}）、碳酸盐岩比例分级（x_{11}）和土地利用影响分级（x_{12}）对石漠化影响程度的波动区间较小，到主要铁路距离（x_3）和年均降水（x_7）对石漠化影响程度的波动区间较大。因子回归系数均呈现出正负变动幅度，主要集中在 [−1，1] 范围内，围绕在 0 上下浮动。除人口密度、GDP、海拔、坡度和植被指数 5 个因子有一定偏态分布，其余因子呈较明显正态分布。GDP、植被指数、碳酸盐岩比例分级等因子回归系数小于 0 的比例较大，其他因素与石漠化的回归系数大于 0 的比例较大。

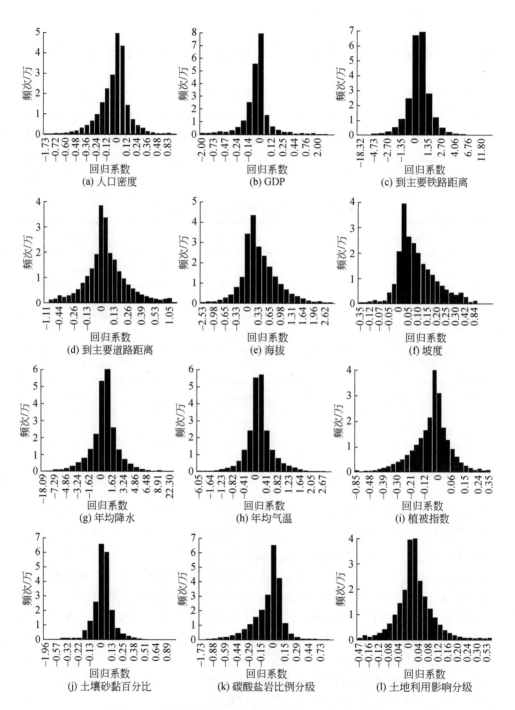

图6-4 黔桂喀斯特山区石漠化影响因子回归系数直方图

表 6-4　黔桂喀斯特山区石漠化影响因子的 GWR 模型回归系数的描述性统计

影响因子	平均值	标准差	最大值	最小值	下四分位值	中位值	上四分位值
x_1	−0.064	0.191	1.230	−1.734	−0.148	0.033	0.089
x_2	−0.018	0.596	14.950	−12.900	−0.078	−0.012	0.018
x_3	0.022	1.235	14.126	−18.324	−0.489	0.001	0.534
x_4	0.024	0.197	1.049	−1.112	−0.068	0.001	0.115
x_5	0.179	0.585	5.539	−2.585	−0.020	0.112	0.557
x_6	0.082	0.106	0.835	−0.351	0.007	0.058	0.135
x_7	−0.028	1.310	22.305	−18.087	−0.781	0.007	0.817
x_8	0.040	0.565	3.670	−6.051	−0.187	0.002	0.233
x_9	−0.136	0.134	0.349	−0.850	−0.098	−0.053	0.011
x_{10}	0.008	0.163	1.105	−1.962	−0.062	0.003	0.082
x_{11}	−0.098	0.193	1.417	−1.727	−0.183	−0.049	0.002
x_{12}	0.010	0.080	0.527	−0.471	−0.027	0.001	0.044

6.3.3　驱动因子对石漠化影响的空间分异

利用 GWR 模型，分析石漠化影响因子回归系数的空间分布（图 6-5），结果表明，每一因子回归系数都呈现不同的正负和数值的空间变化，且各因子系数的空间分布各不相同。一方面，不合理人类活动可加剧石漠化，有效保护的行为和工程则可治理石漠化，这使得量化人类活动强弱的驱动因子与石漠化的关系在不同空间位置可能存在正负效应和影响程度的差异。另一方面，因子多以联合作用影响石漠化的分布，由于某个关键因子在局部的影响程度以及因子间的相关性，其他影响因子在回归方程中系数发生变化。因此，影响因子与石漠化关系，在空间上呈现出影响程度、正负效应和因子组合的显著差异。

1. 社会经济因子对石漠化影响的空间分异规律

人口密度回归系数呈现"中间低南北高"分布，与石漠化呈明显正相关区域主要分布在黔西、黔北、桂西和桂南，人口密度相对较高，人口集聚加大了对土地的压力，加剧石漠化。呈明显负相关区域，集中分布在黔南及桂中西的天等县、兴宾区和上林县等地区，上述区域人口密度较低，意味着人为活动作用较小，而其他自然因素对石漠化的影响更大，研究表明，很多石漠化严重等级区域的人口较少，生态环境较差（白晓永等，2006），石漠化受自然因子（如岩性、土壤和坡度）的影响更大，使得人口密度回归系数为负值。

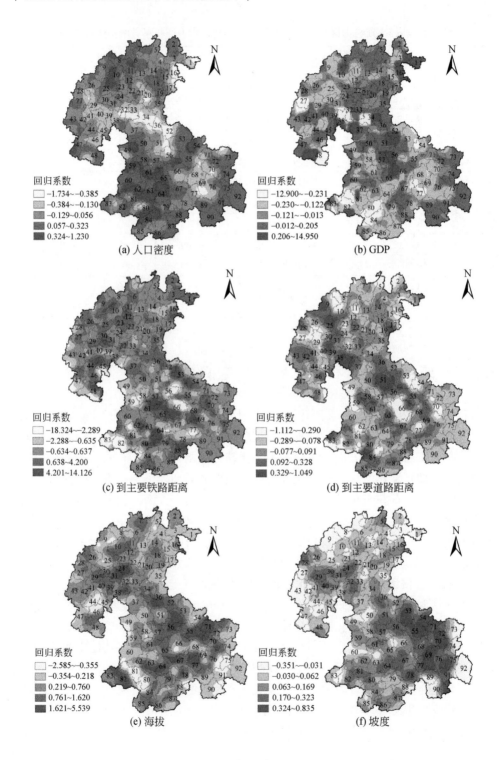

(a) 人口密度

回归系数
☐ −1.734~−0.385
▨ −0.384~−0.130
▨ −0.129~0.056
▨ 0.057~0.323
■ 0.324~1.230

(b) GDP

回归系数
☐ −12.900~−0.231
▨ −0.230~−0.122
▨ −0.121~−0.013
▨ −0.012~0.205
■ 0.206~14.950

(c) 到主要铁路距离

回归系数
☐ −18.324~−2.289
▨ −2.288~−0.635
▨ −0.634~0.637
▨ 0.638~4.200
■ 4.201~14.126

(d) 到主要道路距离

回归系数
☐ −1.112~−0.290
▨ −0.289~−0.078
▨ −0.077~0.091
▨ 0.092~0.328
■ 0.329~1.049

(e) 海拔

回归系数
☐ −2.585~−0.355
▨ −0.354~−0.218
▨ 0.219~0.760
▨ 0.761~1.620
■ 1.621~5.539

(f) 坡度

回归系数
☐ −0.351~−0.031
▨ −0.030~0.062
▨ 0.063~0.169
▨ 0.170~0.323
■ 0.324~0.835

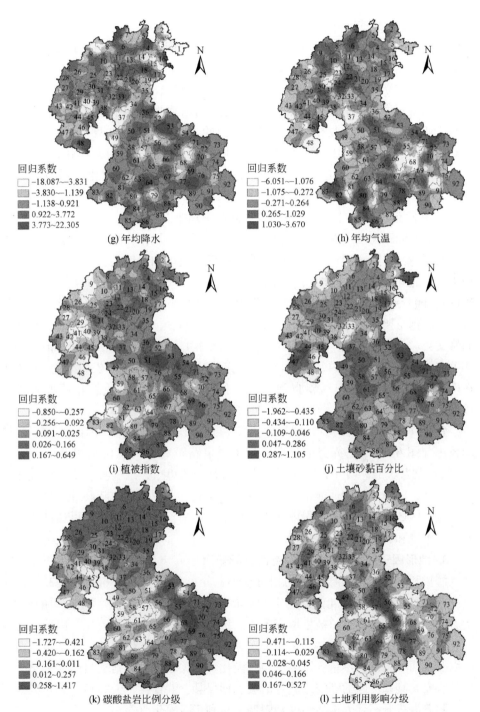

图 6-5　黔桂喀斯特山区石漠化影响因子回归系数

图中编号详见附表 1-1，本研究采用的石漠化数据为 2011 年数据，县（区、市）范围和命名参照该年份的行政范围

GDP 对石漠化的影响程度变化幅度较大（图 6-5），但仍主要集中在［-1，1］，回归系数总体呈现"西低中东高"格局。黔东、桂东以及黔桂交界的 GDP 与石漠化呈明显正相关，区域经济发展的提高以资源掠夺和破坏环境为代价，如桂西北红水河流域建立高能耗的林板厂（覃勇荣等，2007），大量砍伐木材，严重破坏植被，加剧石漠化；呈较大负相关区域主要分布在黔西、桂中和桂西南，生态建设与产业发展和农民增收相结合，如黔西南的"晴隆模式""坪上模式""顶坛模式"等（邓家富，2014），既增加了区域 GDP，又增大了对石漠化治理投入，从而有效减轻了土地压力并治理了石漠化，使得 GDP 与石漠化关系以负相关为主。

2. 空间距离因子对石漠化影响的空间分异规律

两类空间距离因子对石漠化影响无明显空间分布规律，距离因子影响了人类活动的可达性，距离因子小，表明人为干扰活动范围和强度大，同时，石漠化治理工程实施可能性也增加，使得因子与石漠化正负相关关系并存（Xu et al.，2013）；随着距离因子增大，人为活动减弱，以距离因子与其他因子复杂组合影响为主。到主要铁路距离回归系数在贵州极值分布少，而广西波动较大。在贵州的修文县、清镇市以及广西的东兰县、巴马瑶族自治县、罗城仫佬族自治县和环江毛南族自治县等区域内，因子与石漠化正相关较大；负相关较大区域主要集中在广西的河池市、都安瑶族自治县、上林县、靖西县、凌云县和那坡县等区域内。

各县（市）主要公路可达性较好，道路的影响较为相似，因此回归系数波动较小（图 6-5），正负交错分布。到主要道路距离与石漠化正相关较大区域（回归系数为 0.329 ~ 1.049）主要集中在贵州的凯里市、织金县、紫云苗族布依族自治县，以及广西的河池市、南丹县、忻城县、那坡县和大新县等区域内；负相关较大区域则零散分布在黔西北以及桂中、桂南，这些区域道路可达性相对较差，以土壤和岩性因子的影响为主。

3. 地形因子对石漠化影响的空间分异规律

海拔和坡度回归系数变化均相对较小，分布在-2.53 ~ 2.62 和-0.35 ~ 0.84 范围内，呈"东南高西北低"的空间分布。海拔和坡度影响植被和土层的分布，随着海拔和坡度增加，植被生境变差，土层变薄，容易加剧石漠化。因此，海拔与石漠化关系以正相关为主，正相关较大区域主要集中在贵州的六盘水市、西秀区以及广西中东部；零星区域因子与石漠化负相关较大，包括贵州的大方县、兴仁县、安龙县和广西的都安瑶族自治县、德保县、武宣县、天等县、兴宾区等区域，随着海拔升高，人类活动受到限制，有利于石漠化改善。

坡度回归系数以正值为主，负值多分布在贵州。黔中和桂中东部该因子与石漠化正相关较大，负相关较大区域则主要分布在黔西、黔北和桂西南。坡度较低区域，坡度增加，发生水土流失风险越高，容易加剧石漠化，坡度与石漠化呈正相关关系；当坡度增加到一定程度，限制了人类活动，随着坡度增加，人类活动减弱，有助于石漠化恢复，坡度与石漠化呈负相关。例如，清镇市王家寨流域研究表明，石漠化严重程度随坡度增加而升高，超过27°后石漠化程度则逐渐降低（李阳兵等，2009）。

4. 气候因子对石漠化影响的空间分异规律

年均降水和年均气温回归系数皆分布较为分散。贵州和广西中东部年均降水量与石漠化正相关较大，降水量增加，增强了对土层的冲刷动力，加剧水土流失和石漠化；负相关较大区域（回归系数为 $-18.090 \sim -3.831$）则分布在黔东北和黔桂交界，区域降水增加有利于植被生长，植被盖度的增加又有利于石漠化改善，使得两者呈负相关关系。

年均气温与石漠化正相关关系较大区域主要集中在贵州中部，以及广西的河池市、南丹县、忻城县、那坡县等区域，气温升高，加速喀斯特发育和土层干化，进而影响植被生长，产生石漠化；负相关关系较大区域主要集中在贵州南部以及广西中南部，上述区域降雨大、植被盖度高，三者相互影响使得气温与石漠化呈负相关。

5. 植被因子对石漠化影响的空间分异规律

植被指数越大，表明植被生长状况越好，越有利于水土保持，因此，植被指数与石漠化的关系以负相关为主。回归系数的波动相对较小，变化范围分布在 $-0.850 \sim 0.350$，呈现"东高西低"的空间分布格局。与石漠化负相关较大区域主要集中在贵州的六盘水市辖区、大方县、纳雍县、关岭布依族苗族自治县、晴隆县、安龙县、隆林各族自治县以及广西的德保县、平果县、田东县、凌云县等区域；正相关较大区域零散分布在贵州东部和广西东北部，这些区域植被指数数值较高且变化很小，人口密度、GDP等人为因子对石漠化的影响更大，使得回归关系呈现一定的弱正相关。

6. 立地条件因子对石漠化影响的空间分异规律

土壤质地对石漠化影响的变化范围相对较小，土壤砂黏百分比回归系数分布在 $-1.960 \sim 0.890$，分布较为零散，正负交错。研究区东部该因子与石漠化正相关较大；负相关较大区域则零散分布在贵州的大方县、长顺县、惠水县、独山县和广西的柳江区等区域内，土壤质地的变化与石漠化存在一定非线性关系（盛茂银等，2013），使得该因子无明显的空间分布特征。

碳酸盐岩比例分级与石漠化负相关较大区域主要集中在黔西南和桂西北，该因子级别越低，则碳酸盐岩比例越大，有利于岩溶发育，加剧石漠化；与石漠化正相关较大区域主要集中在黔东和桂东北，研究表明植被在特殊的喀斯特环境有很强适应能力，裸岩暴露夹缝中仍能生长（谭成江等，2011），因此，上述区域人为因子贡献大，通过合理的保护和修复有效治理石漠化，促进植被恢复，该因子系数呈正值。

7. 土地利用分级因子对石漠化影响的空间分异规律

土地利用分级回归系数范围分布在-0.47~0.53，对石漠化影响程度变化较小，呈"桂中高、其余低"分布格局。该因子与石漠化在贵州的晴隆县、施秉县以及广西中部多个县市呈较大正相关，土地利用强度大，容易导致水土流失，加剧石漠化；负相关较大区域分布零散，包括贵州的清镇市、石阡县、余庆县、纳雍县、紫云苗族布依族自治县、独山县，以及广西的环江毛南族自治县、罗城仫佬族自治县、凤山县、凌云县和德保县等区域内，脆弱的喀斯特环境是石漠化形成的主因，自然因子贡献大，该指标为负值。

6.4 驱动因子对喀斯特石漠化影响空间差异的启示

黔桂喀斯特山区石漠化 Moran's I 指数为 0.563 181，标准化统计量 Z 得分为514.974 354，大于正态函数在99%显著水平的数值，存在明显的空间集聚分布。GWR 模型分析加入空间要素，克服了经典回归模型统计条件假设的缺陷，其 R^2（0.508）明显比 OLS 模型的 R^2（0.156）高，拟合效果显著提高。

GWR 计算的各石漠化影响因子回归系数在正负区间皆有分布，主要集中在 $[-1, 1]$ 范围内，呈现不同空间分布：人口密度呈"中间低南北高"，GDP 为"西低中东高"，植被指数和岩性为"西低东高"，海拔和坡度则是"东南高西北低"，土地利用分级呈"桂中高、其余低"，到主要铁路的距离、到主要道路的距离、年均降水、年均气温和土壤质地对石漠化的影响空间分布较为零散。

喀斯特地区地形破碎，岩性、土壤和植被等类型多样，加之复杂人类活动，对石漠化分布产生显著影响，体现出单因子的正负效应、多种因子的组合类型和贡献程度的空间明显差异，如社会经济发展对石漠化的正负效应，人口密度与海拔、坡度的组合关系，降水与植被对石漠化的交互作用等。人类活动叠加在喀斯特特殊的岩性、土壤和植被构成上，更容易发生石漠化，同时，在局部范围，高强度破坏和资源掠夺可导致严重石漠化发生，高投入石漠化治理措施又能够有效治理石漠化。

因此，石漠化治理工程应考虑不同影响因子组合对石漠化的影响及其空间差异。应用 GWR 模型，分析各影响因子对石漠化影响程度和正负效应，揭示影响因子在不同空间位置的组合，辨析其中影响石漠化的关键影响因子，从而为差别化小流域治理提供科学依据，以有效改善和控制石漠化。

第7章 喀斯特石漠化演替与社会经济活动时空耦合关系刻画

喀斯特石漠化的正逆演替进程同时发生,不同等级之间相互转化,且与多种社会经济活动相互交织,使得区域石漠化演替与社会经济活动呈现复杂的互馈关系。以往研究侧重于社会经济活动对喀斯特石漠化的驱动机制研究,对石漠化对社会经济的反馈作用量化较少,缺乏对两者相互作用和时空耦合关系的深入理解。本研究构建了单元耦合关系、综合耦合关系以及联合耦合强度等系列石漠化与社会经济时空耦合指数,以贵州岩溶县(市、区)为研究区,探讨上述指数的功能和指示作用,揭示石漠化与社会经济时空耦合关系。结果发现,2000～2011年,研究区呈现总体略有改善、局部明显恶化的时空变化格局,48个石漠化呈改善趋势,而石漠化仍呈恶化趋势的有30个;在石漠化发生改善的区域,各等级石漠化变化面积的大小与基准年的面积有较好的线性关系,石漠化恶化区域只有轻度石漠化与其变化面积有较好的回归关系。社会经济活动方面,研究区的各项社会经济指标都呈增加趋势,尤其是城镇化水平、经济发展水平和生态修复工程等指标都有显著增加。基于耦合指数的数值范围,将石漠化严重程度和社会经济水平的耦合关系分为强负耦合、中负耦合、弱耦合、中正耦合和强正耦合5类。发现贵州的岩溶县(市、区)正负耦合关系都存在,多为中耦合强度,强耦合和弱耦合关系较少。社会经济的发展有利于石漠化的治理与恢复,石漠化的改善也有利于人口集聚、城镇发展和区域经济的提升;不合理土地利用活动导致石漠化的加剧,石漠化蚕食有限的土地资源,又导致耕地生产能力的下降;生态恢复工程可有效治理石漠化,且随着工程规模的扩大,两者耦合关系在加强。上述结果证明了本研究提出的系列石漠化与社会经济耦合指数的有效性,可用于量化和揭示两者关系的时空关联特征。

7.1 石漠化与社会经济活动相互作用研究背景

不同等级石漠化相互转化剧烈,这是特殊的喀斯特自然背景和复杂的人类活动联合作用的结果(Xu and Zhang, 2014),一方面,石漠化的分布与演化受到气候、地形、岩性和地貌等喀斯特自然因素的影响(Wang et al., 2004a, 2004b;

Huang and Cai，2007；Zhou et al.，2007；Jiang et al.，2009；Li et al.，2009），另一方面，人类干扰和治理修复等活动加速了石漠化正逆演替的发生。喀斯特自然要素直接影响着石漠化总体的空间分布格局，人类活动又能够在短时间内导致局部的石漠化进程发生明显的改变（赵东等，2006）。研究表明，多重驱动力的非线性交互效应造成了不同时空尺度上喀斯特石漠化演替的显著差异（Liu et al.，2008；Jiang et al.，2009；Yang et al.，2011；Bai et al.，2013；Xu and Zhang，2014；Li et al.，2015）。一方面，强大的人口压力和不可持续的社会经济活动迫使人类过度使用土地，导致土地石漠化（Yan and Cai，2015）。陡坡耕作、森林砍伐和开垦、过度放牧和开采矿山等人为干扰活动往往会加速喀斯特石漠化的扩张（Xu and Zhang，2014）。另一方面，中国西南地区通过实施退耕还林、天然林保护和石漠化综合治理等生态保护修复工程，可有效逆转喀斯特石漠化正演替进程，使得我国西南喀斯特地区的石漠化逐渐得到治理和恢复（Qi et al.，2013；Zhang et al.，2015；Tong et al.，2017）。

另外，石漠化的存在和发生，已经成为影响西南地区严重的生态环境问题，对当地人民的生产生活活动造成了影响。例如，石漠化的蔓延容易蚕食喀斯特地区本就极为有限的平地资源，导致争地现象更为突出，容易造成平坝耕地的流失，为了保障粮食供给，当地农民又会进一步向陡坡进行开发，导致坡耕地增加（黄金国等，2014；许尔琪和张红旗，2016）。同时，喀斯特地区还分布有我国集中连片特困地区的多个片区（乌蒙山区、滇桂黔石漠化区和滇西边境山区）①，在石漠化治理修复的过程中，生态保护建设与脱贫攻坚紧密联系，生态经济产业的发展既可有效治理石漠化，又可促进区域社会经济的发展（刘彦随等，2006）。在一些石漠化严重地区，生态移民可有效减轻因农村人口膨胀所造成的生态环境压力，促进石漠化的恢复，从而使得农村人口迁移而实现城镇化（李明秀，2004；Cai et al.，2014）。

人类社会经济活动显著改变了石漠化的演替进程，石漠化反过来又影响着区域社会经济的发展。两者交替发生和相互作用容易导致恶性循环的出现：喀斯特地区面临着贫困和石漠化的双重压力，贫困导致当地农民盲目扩大耕地、开垦陡坡以及乱伐森林，这些不合理的开发利用活动加速了石漠化的发生；石漠化使本已稀缺的土地更加贫瘠，生产条件更加恶劣，生活更加贫困。因此，贫困化加重了石漠化，石漠化又加剧了贫困化（黄金国等，2014）。与此同时，社会经济的发展使得政府和群众开始关注生态环境，诸多的生态修复与治理措施有效遏制了区域石漠化的发生，并实现了石漠化的有效恢复；石漠化综合治理工程的实施不

---

① 详见《中国农村扶贫开发纲要（2011—2020 年）》。

仅改善了区域的生态环境，还有利于区域的民生经济发展。例如，长顺县从修复生态、治理石漠化、破解贫困入手，大力发展山地农业，总结出多种经营、循环利用的发展模式，初步扭转了"水土流失—土地石漠化—生活贫困"的循环怪圈，探索出了"生态改善—产业发展—农民增收"的有效途径，开发出石漠化山区发展的"长顺模式"①。综上所述，在特殊的区域地质背景下，区域生态环境演变与社会经济发展交织在一起，导致石漠化正向演变与逆向演变并存。这就要求准确刻画喀斯特石漠化演替与社会经济活动的互馈过程，以有效促进石漠化治理与恢复，实现社会、经济和生态的可持续发展。

7.2 贵州岩溶县分布及数据概况

7.2.1 贵州岩溶县介绍

贵州是世界上岩溶地貌发育最典型的地区之一，出露面积占全省总面积的61.92%，是中国石漠化面积最大、灾害最严重的省份②。该区属亚热带湿润季风气候区，年平均气温 15℃ 左右，降水较多，雨季明显，年降水量为 1100 ~ 1300mm。山地多，平地少，没有平原支撑，以山地和丘陵为主要地貌类型，形成以峰丛洼地的典型喀斯特地貌类型。地势西高东低，向北、东、南三面倾斜，平均海拔在 1100m 左右。根据中国科学院资源环境科学数据中心提供的 2018 年土地利用数据显示，该区以林地为主，超过了全域总面积的 50%，耕地次之，草地列第三位，建设用地、水域和未利用地面积比重低，分列 4 ~ 6 位。由于石漠化是只发生岩溶环境的特殊土地退化现象，因此，石漠化监测只在分布有岩溶环境的县（市、区），贵州共有 78 个岩溶县（市、区），见表 7-1。因此，本章将贵州的所有 78 个岩溶县（市、区）作为研究区（图 7-1）。研究区面积为15.40 万 km²，岩溶面积为 10.91 万 km²，在国家 2008 年启动的第一期石漠化综合治理试点工程中，贵州就有 55 个县列为第一批试点县；2011 年，所有的 78 个岩溶石漠化监测县全部被纳入综合治理实施范围。

---

① 贵州长顺"石漠化村"：山旮旯吹起"产业"风. http://www.gz.chinanews.com/content/2018/04-25/81912. shtml ［2019-12-15］.

② 详见《贵州省岩溶地区第三次石漠化监测成果公报》。

表 7-1　贵州岩溶县（市、区）石漠化监测列表

地区	县（市、区）名称
贵州（78 个）	南明区、云岩区、花溪区、乌当区、白云区、小河区（贵阳市）、开阳县、息烽县、修文县、清镇市、钟山区（六盘水市）、六枝特区、水城县、盘县（盘县特区）、红花岗区、汇川区（遵义市）、遵义县、桐梓县、绥阳县、正安县、道真仡佬族苗族自治县、务川仡佬族苗族自治县、凤冈县、湄潭县、余庆县、习水县、仁怀市、西秀区（安顺县）、平坝县、普定县、镇宁布依族苗族自治县、关岭布依族苗族自治县、紫云苗族布依族自治县、铜仁市、江口县、玉屏侗族自治县、石阡县、思南县、印江土家族苗族自治县、德江县、沿河土家族自治县、松桃苗族自治县、万山特区、兴义市、兴仁县、普安县、晴隆县、贞丰县、望谟县、册亨县、安龙县、毕节市、大方县、黔西县、金沙县、织金县、纳雍县、威宁彝族回族苗族自治县、赫章县、凯里市、黄平县、施秉县、镇远县、岑巩县、麻江县、丹寨县、都匀市、福泉市、荔波县、贵定县、瓮安县、独山县、平塘县、罗甸县、长顺县、龙里县、惠水县、三都水族自治县

注：《岩溶地区石漠化综合治理规划大纲（2006~2015 年)》（以下简称《规划大纲》）是国家层次第一次展开石漠化的综合治理，上述表中 78 个岩溶县（市、区）被全部纳入专项治理范围，因此，本研究以《规划大纲》发布的 2008 年时贵州的行政区划为依据

图 7-1　贵州岩溶县（市、区）分布范围

考虑到制图空间和现实效果，本图中行政单元名称均选取各单元
地名的前两个字作为表述，详细名单参考表 7-1

7.2.2　喀斯特石漠化及社会经济活动表征指标量化

1. 石漠化表征指标

喀斯特石漠化的表征主要依据县域单元内发生石漠化的面积总数以及石漠化等级的严重程度来刻画。石漠化的分级依然采用 6 级分类，即无石漠化、潜在石漠化、轻度石漠化、中度石漠化、重度石漠化和极重度石漠化，表示石漠化程度依次增加。其中，轻度石漠化、中度石漠化、重度石漠化和极重度类石漠化等级定义为已发生石漠化的类型。为全面刻画不同县域之间石漠化程度的差异，本研究计算两类指标（表 7-2）：一是综合表征指标，即发生石漠化面积和加权石漠化面积 2 个指标；二是单项表征指标，即每个石漠化等级的面积或者比例，因此，共计 6 个石漠化表征指标。其中，无石漠化等级采用面积比例计算，主要是考虑不同县域单元面积对统计特征的尺度效应。加权石漠化面积依据石漠化的分级标准，赋予不同石漠化等级以权重，进行加权求和，其计算公式如下：

$$AS_{krd} = \sum_{i=1}^{6} \omega_i \times A_{krd}^i \qquad (7-1)$$

式中，AS_{krd} 为加权求和的石漠化面积；i 为石漠化等级，范围为 1 ~ 6，各表示无石漠化、潜在石漠化、轻度石漠化、中度石漠化、重度石漠化和极重度石漠化；ω_i 为 i 石漠化等级权重，依据石漠化分级标准的基岩裸露率范围中值进行取值，ω_1 ~ ω_6 的权重分别为 0.1、0.25、0.40、0.60、0.80 和 0.95；A_{krd}^i 为 i 石漠化等级的面积。

表 7-2　石漠化表征指标

类别	指标	方法
综合指标	已石漠化面积	轻度、中度、重度和极重度石漠化之和
	加权石漠化面积	根据式 (7-1)，加权求和计算
单项指标	无石漠化面积	直接获取
	潜在石漠化面积	直接获取
	轻度石漠化面积	直接获取
	中度石漠化面积	直接获取
	重度石漠化面积	直接获取
	极重度石漠化面积	直接获取

2. 社会经济活动表征指标

本研究中选择的表征社会经济活动指标，则是重点参考影响石漠化演替进程的人为驱动因子，以及石漠化对社会经济活动可能造成影响的主要方面。《贵州岩溶地区第三次石漠化监测成果公报》指出，一方面，植被恢复、劳动力转移、人口迁移和农村产业及能源机构调整等因素是贵州石漠化面积持续减少的主要因素；另一方面，人多、地少和贫穷社会因素尚未得到根本改变，陡坡耕种、无序工矿建设等不合理的人类利用又会加剧石漠化的发生。伴随着石漠化的正逆演替进程，上述社会经济因素又会受到石漠化的反馈作用，石漠化直接影响了区域的水土资源，并与可用耕地资源的高低直接相关，同时，又容易加剧区域的贫困，影响当地的农民收入和人口流动状况。因此，本研究共选择了人口压力、城镇化水平、经济发展水平、土地利用活动和生态修复工程5类共计12个社会经济活动指标（表7-3）。

表7-3 岩溶县（市、区）的社会经济活动指标

类别	指标	方法
人口压力	人口密度	总人口数/土地面积
	流出人口比重	[迁入人口−(常住人口−户籍人口)]/总人口数
城镇化水平	建设用地比重	建设用地面积/土地面积
	城镇人口比重	城镇人口数/总人口数
	工矿用地面积比重	工矿用地面积/土地面积
经济发展水平	人均国内生产总值	直接从统计年鉴获取
	农民人均纯收入	直接从统计年鉴获取
土地利用活动	农业总产值	农林牧渔生产总值
	单位耕地粮食产量	粮食产量/耕地面积
	15°以上坡耕地比重	15°以上坡耕地面积/耕地总面积
生态修复工程	植树造林面积	基准年限前十年除退耕还林外的林地增加面积
	退耕还林（草）面积	基准年限前十年耕地转为林地和草地面积

7.2.3 石漠化及社会经济活动数据来源

研究石漠化和社会经济活动的相互关系，需要两个时间的截面数据，考虑这两方面内容数据的可得性，本研究选择了2000年和2011年作为两个研究年份。由于不同时段的社会经济活动量化主要来自统计年鉴，而县域数据较好获取，分析石漠化和社会经济活动的相互关系又需要多个样本，因此，本研究选择了78个岩溶县（市、区）作为研究样本。在大范围空间内，石漠化的制图费时费力，为了保证精度，本研究选择了两个已经出版的权威数据作为石漠化的数据源，其

数据时间分别是 2000 年和 2011 年。

2000 年的石漠化空间分布数据来自《贵州省喀斯特石漠化综合防治图集 (2006—2050)》，本研究对 78 个县域的数据进行——扫描。在 ArcGIS 10.1 平台、应用 Georeferencing 功能对每一个县（市、区）进行空间配准，统一采用 Krasovsky_1940_Albers 投影坐标系。再应用 eCognition Developer 8.9 软件，对石漠化等级的空间分布进行机器自动提取，并对提取错误的部分——进行手动修正。2011 年的石漠化数据由国家林业局解译和验证①。考虑到不同人员对石漠化的定义和分级标准不尽相同，应用 ArcGIS 10.1 的空间叠置功能，提取石漠化等级发生变化的区域，并通过 Landsat 5 TM 影响，进行人工目视校验，对明显发生错误的区域进行修正。

本研究所用到的土地利用数据和分县行政范围数据来源于中国科学院资源环境科学数据中心（http://www.resdc.cn）。各县（市、区）的统计数据来源于研究区统计年鉴、林业统计年鉴、中国县（市）社会经济统计年鉴和中国人口普查分区县统计年鉴。

7.2.4 石漠化与社会经济时空耦合关系量化模型

耦合度是指两个或两个以上系统通过各种相互作用相互影响的现象。物理学中用容量耦合的概念来描述系统或要素彼此相互作用影响的程度（刘耀彬等，2005），目前已被广泛应用于气候变化和环境（马丽等，2012；Liu et al.，2018；Xu et al.，2019）。本研究基于耦合度的概念，提出量化喀斯特地区的石漠化演化与社会经济互动的时空耦合关系的系列指数。该系列指数包括单元耦合指数、综合耦合指数及联合耦合强度指数。单元耦合指数是刻画研究区内每个最小分析单元具体两项之间的耦合关系，其计算公式如下：

$$C_{ij}^k = \left\{ \frac{2 \times (K_i^k \times S_j^k + K_i^j \times S_j^k)}{(K_i^k + S_j^k)^2} \right\}^2 \tag{7-2}$$

式中，C_{ij}^k 为第 k 个单元的第 i 项石漠化表征指标和第 j 项社会经济活动表征指标之间的单元耦合指数，其中，k 是研究单元的个数，i 和 j 则分别表示不同石漠化指标（表7-2）和社会经济活动指标（表7-3）；K_i^k 为第 k 个单元的第 i 项石漠化指标的标准化数值，S_j^k 为第 k 单元的第 j 项社会经济活动指标的标准化数值。标准化方法是对各指标进行归一化计算，具体公式如下：

---

① 2012 年《中国石漠化状况公报》。

$$x' = \frac{x_{\max} - x}{x_{\max} - x_{\min}} \quad (7\text{-}3)$$

式中，x' 为各指标在区内任意一个单元的归一化计算后的标准化数值；x 为该指标在该单元的原始数值；$x_{\max}$ 和 $x_{\min}$ 分别为该指标在所有单元原始数值的最大值和最小值。

C_{ij} 是用于量化某一单元的石漠化与社会经济活动的关系，有助于揭示区域两者耦合关系的空间分布格局。在此基础上，为了综合刻画石漠化和社会经济活动的耦合关系，还需要计算综合耦合指数，基于式（7-2）计算每个单元两者关系的思路，计算公式如下：

$$C_{ij} = \left[\sum_{k=1}^{N_k} \frac{2 \times (K_i^k \times S_j^k + K_i^j \times S_j^k)}{(K_i^k + S_j^k)^2} \right]^2 \quad (7\text{-}4)$$

式中，C_{ij} 为第 i 项石漠化表征指标和第 j 项社会经济活动表征指标的综合耦合指数；N_k 为研究单元的格式，取值范围为研究单元大小，本研究为 78 个。

单元耦合指数 C_{ij}^k 和综合耦合指数 C_{ij} 可用于解析喀斯特石漠化和社会经济活动相互耦合关系，并根据其数值大小进行两者关系的正负耦合特征和强度大小的判断（表 7-4）。耦合指数 C_{ij}^k 和 C_{ij} 取值范围都是 $[0, 1]$，当取值大于 0.5 时，表示两个指标之间为正耦合关系；反之，当取值小于 0.5 时，表示两个指标之间为负耦合关系。当两者为正耦合关系时，越接近 1，则表明正耦合关系越强；当两者为负耦合关系时，越接近 0，则表明负耦合关系越弱。

表 7-4　时空耦合指数及解释

耦合指数范围	解释	标识
0 ~ 0.2	强负耦合	
0.2 ~ 0.4	中负耦合	
0.4 ~ 0.6	弱耦合	
0.6 ~ 0.8	中正耦合	
0.8 ~ 1.0	强正耦合	

考虑到表征石漠化情况的有多个指标（表 7-2），同时，社会经济活动涉及的指标内容也较多（表 7-3），基于式（7-4），还需要进一步整合揭示某一石漠化指标与社会经济活动的联合耦合强度，或者某一社会经济活动指标与石漠化的联合耦合强度，本研究提出耦合强度计算公式，具体如下：

$$I_{K_i \leftrightarrow S} = \sum_{j=1}^{n_j} (1 - C_{ij}^+ + C_{ij}^-) \quad (7\text{-}5)$$

$$I_{K \leftrightarrow S_j} = \sum_{i=1}^{n_i} (1 - C_{ij}^+ + C_{ij}^-) \qquad (7\text{-}6)$$

式中，$I_{K_i \leftrightarrow S}$ 和 $I_{K \leftrightarrow S_j}$ 分别为 i 项石漠化指标与社会经济活动指标的联合耦合强度指数和石漠化指标与 j 项社会经济活动指标的联合耦合强度指数；C_{ij}^+ 和 C_{ij}^- 分别表示两者为正耦合和负耦合关系的耦合指数数据，根据 C_{ij} 的大小判断，当取值大于 0.5 时，C_{ij} 为 C_{ij}^+，反之，当取值小于 0.5 时，C_{ij} 为 C_{ij}^-。$I_{K_i \leftrightarrow S}$ 和 $I_{K \leftrightarrow S_j}$ 取值范围为 $[0, 0.5]$，数值越小，表明联合耦合强度越大。

7.3 贵州喀斯特石漠化时空分布特征

7.3.1 石漠化 2000～2011 年的时空变化

依据两个喀斯特石漠化分布的数据源，并依据遥感影像进行石漠化等级变化区域的人工识别校正，最终获取了贵州岩溶县（市、区）喀斯特石漠化在 2000 年和 2011 年两期的空间分布图（图 7-2）。研究区的石漠化等级分布呈西重东轻以及南重北轻的空间格局，西南地区是石漠化最严重的区域。2011 年，研究区是以无石漠化等级为基底，该等级面积超过土地面积的 1/3，面积比例达到 37.33%；潜在石漠化等级次之，面积比例较高，也达到 16.33%；其余四级已经发生石漠化的土地面积比重达到 17.16%。具体来看，在已石漠化等级中，中度石漠化等级的土地面积比重最大，接近一半，为 45.08%；轻度石漠化等级面积次之，比例达到 38.10%；严重等级的重度和极重度石漠化等级面积相对较小，分别占已石漠化土地面积的 14.18% 和 2.64%。

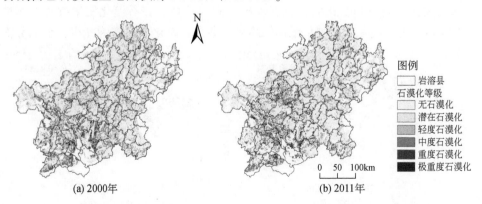

图 7-2 贵州岩溶县（市、区）2000 年和 2011 年石漠化空间分布图

2000～2011 年，贵州岩溶县（市、区）呈现总体略有改善、局部明显恶化的时空分布格局，在这一时段，严重石漠化现象尚没有得到根本性的扭转。2000～2011 年，无石漠化等级的面积明显增加，面积比例从 29.39% 增加到 37.33%，增加了约 27.04%；面积出现减少的有潜在石漠化、轻度石漠化和极重度石漠化，增加幅度分别为 20.93%、45.31% 和 5.88%；与此同时，中度和重度石漠化等级的面积出现了增加，分别增加了 22.87% 和 18.58%。不同等级石漠化之间发了复杂的相互转化，潜在石漠化、轻度石漠化和中度石漠化等级作为石漠化演替的中间阶段，2000～2001 年石漠化等级发生变化的土地面积更大，成为其他石漠化等级变化的重要来源。

7.3.2 不同等级石漠化的变化规律

不同等级石漠化之间的复杂的相互作用关系，各面积呈现此消彼长的变化特征，评估石漠化的总体变化趋势不能依据单一石漠化等级面积变化来判断，而需要综合各等级石漠化的变化特征。例如，某一区域的无石漠化等级面积增加了，但是主要是来自潜在石漠化和轻度石漠化，而重度和极重度石漠化等级面积却发生了增加，这就难以认为区域的石漠化变化趋势是趋于利好的。因此，本研究依据加权石漠化面积进行石漠化变化趋势的综合判断，若某一县（市、区）的加权石漠化面积增加，则认为该县（市、区）石漠化呈恶化趋势，相反地，加权石漠化面积减少，则认为石漠化呈改善趋势。

据此计算，2000～2011 年研究区共有 48 个岩溶县（市、区）石漠化呈改善趋势，而石漠化仍呈恶化趋势的有 30 个，进一步说明整个研究区的石漠化在这一时段还没有明显好转。对比不同石漠化变化趋势的区域发现（图7-3 和图7-4），各等级石漠化的面积和变化面积也表现出不同的特征。在石漠化发生改善的区域（图7-3），无石漠化面积则呈增加的趋势，潜在石漠化面积多为减少，少部分面

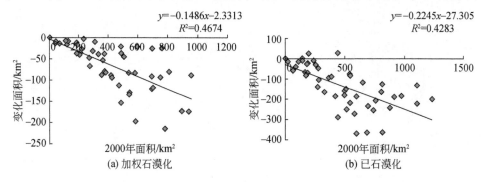

(a) 加权石漠化

(b) 已石漠化

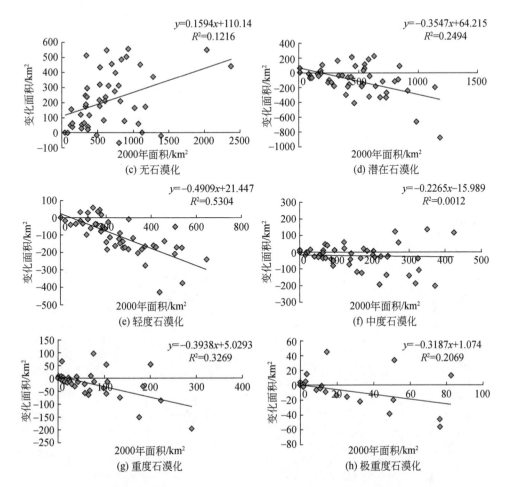

图 7-3 喀斯特石漠化改善县（市、区）不同石漠化等级初始面积与其变化率的关系

积出现增加。已石漠化面积基本都出现减少的趋势，仅有个别县（市、区）面积略有增加。具体来看，轻度石漠化、重度石漠化和极重度石漠化面积大多减少，而重度石漠化变化趋势不明显，面积发生减少或者增加情况皆有。

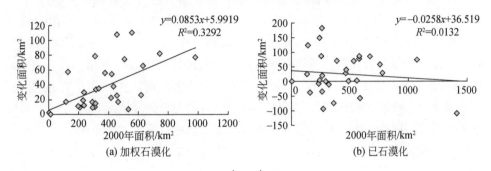

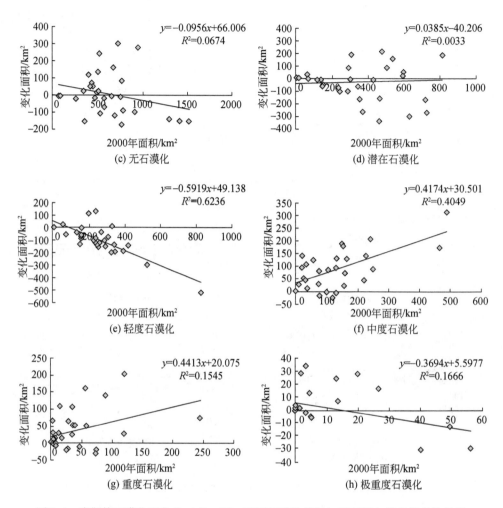

图 7-4　喀斯特石漠化恶化县（市、区）不同石漠化等级初始面积与其变化率的关系

　　从变化面积上看，发生减少的石漠化指标（加权石漠化、已石漠化、轻度石漠化、重度石漠化和极重度石漠化）在 2000 年时面积越大，则 2000～2011 年的减少面积越大。总的来看，加权石漠化面积和已石漠化面积与其变化面积的负相关关系强，线性回归的可决系数 R^2 分别达 0.4674 和 0.4283。这主要是与植被恢复的变化面积相关的，植被恢复速率与群落所处的演替阶段呈负相关关系（Van Nes and Scheffer, 2007）。因此，初始阶段的石漠化治理往往取得更好的效果，在石漠化更为严重、面积更大的区域，石漠化的治理与恢复情况相对更好，其变化速率更大。因此，潜在石漠化、轻度石漠化、重度石漠化和极重度石漠化的面积与其变化面积就表现出类似的系统变化特征，R^2 分别达到 0.2494、0.5304、

0.3269 和 0.2069。其中，极重度石漠化面积与其变化面积的负相关相关较弱，表明了石漠化治理工程尽管能够有效恢复退化土地，符合植被恢复的变化规律，但是当区域退化到最严重等级，其治理难度也会加大。相反地，无石漠化面积与其增加的面积并没有呈较好的线性关系（$R^2 = 0.1216$），这表明，在石漠化情况较轻的区域，其石漠化恢复难度较大，面积难以出现明显的变化。中度石漠化等级与其变化面积没有呈现明显的相关关系，R^2 接近0，可能是由于2000年中度石漠化的区域得到有效恢复，转为低等级石漠化，但同时，部分低等级石漠化区域又发生恶化，转为中度石漠化，使得中度石漠化面积变化规律更为复杂，尚需要进一步研究。

另外，在石漠化仍呈现恶化趋势的区域（图7-4），已石漠化面积总体较为稳定，无石漠化和潜在石漠化等级的面积也较为稳定，在各县（市、区）上述石漠化等级的面积有增有减。石漠化等级面积出现增加的主要是中度和重度石漠化，轻度石漠化面积呈现明显的减少趋势，极重度石漠化面积也呈现略为减少的特征。分析各面积与其变化面积的关系可以发现，除了轻度石漠化等级之外，别的石漠化指标面积与其变化面积并没有显著的线性回归关系，加权石漠化面积与其增加面积的线性回归可决系数 R^2 为 0.3292，重度石漠化和极重度石漠化面积与其增加面积线性回归方程的 R^2 都低于 0.20，分别仅为 0.1545 和 0.1666。已石漠化、无石漠化和潜在石漠化面积与其变化面积的 R^2 都在0附近。在石漠化趋势总体恶化的区域，多数县区的轻度石漠化面积反而呈减少趋势，且减少面积与2000年时的面积呈现显著的负相关关系，R^2 高达 0.6236。这表明，尽管这些区域总体石漠化没有明显改善，但是石漠化综合治理工程仍然有效恢复了部分的区域，并且恢复的效果与石漠化总体发生改善区域的规律是一致的。

7.4 贵州社会经济活动时空分布特征

根据表7-3的社会经济活动指标，收集统计并计算在2000年和2011年的贵州78个岩溶县（市、区）各指标的数值，发现多项指标都有显著的增加，并最终计算整个研究区两个年份的平均值（表7-5）。

表7-5 贵州岩溶县（市、区）社会经济活动指标 2000~2011 年的变化特征

类别	指标	2000 年	2011 年	变化/%
人口压力	人口密度/（人/km²）	250.75	261.70	4.37
	流出人口比重/%	12.10	34.38	184.13

续表

类别	指标	2000 年	2011 年	变化/%
城镇化水平	建设用地比重/%	0.71	1.88	164.79
	城镇人口比重/%	24.15	31.74	31.43
	工矿用地面积比重/%	0.11	0.83	654.54
经济发展水平	人均国内生产总值/元	3 151.96	15 512.25	392.15
	农民人均纯收入/元	1 521.29	4 836.19	217.90
土地利用活动	农业总产值/万元	59 713.64	145 690.08	143.98
	单位耕地粮食产量/(kg/hm^2)	2 567.45	2 672.42	4.09
	15°以上坡耕地比重/%	30.41	30.66	0.82
生态修复工程	植树造林面积/(km^2/县)	6.76	21.39	216.42
	退耕还林（草）面积/(km^2/县)	1.08	7.70	612.96

对比发现，研究区的各项社会经济指标都呈现增加的趋势，人口压力指标方面，人口密度略有增加，由 2000 年的 250.75 人/km^2 增加到 261.70 人/km^2，增幅为 4.37%，而区域流动人口大幅增加，流出人口比重由 12.10% 增加到 34.38%，增加了接近 2 倍，区域社会经济发展吸引力的差异，导致研究区人口流出数量加大，同时生态移民工程也使得部分区域人口发生迁移。

区域的城镇化水平在 2000~2011 年有显著的增加，尽管仍处于较低的水平，但是变幅幅度较大。建设用地面积比重从 0.71% 增加到 1.88%，增加幅度为 164.79%；城镇人口比重则从 24.15% 增加到 31.74%，增幅也达到了 31.43%；工矿用地面积在 2000 年时较低，比重为 0.11%，到 2011 年工业活动和工矿开采强度有了明显的增加，比重已经增加到 0.83%。

社会经济水平的增加直观地体现在了人均国内生产总值和农民人均纯收入 2 个指标的大幅增加，人均国内生产总值从 2000 年的 3151.96 元增加到 2011 年的 15 512.25 元，增加了约 4 倍；与此同时，农民人均纯收入 2000 年和 2011 年分别为 1521.29 元和 4836.19 元，增加幅度在 2 倍左右。

农业生产方面研究区强度略有增加，具体来看各指标，区域农业总产值增加显著，增幅接近 1.5 倍；单位耕地粮食产量则略有增加，从 2000 年的 2567.45kg/hm^2 增加到 2011 年的 2672.42kg/hm^2，增幅为 4.09%；15°以上坡耕地比重并没有减少，而从 30.41% 增加到 30.66%。

退耕还林（草）工程和植树造林工程是贵州重要的生态修复工程，可以发现，两项工程从 2000~2011 年，工程面积明显增加，平均每个县的退耕还林（草）的面积从 1.08km^2 增加到 7.70km^2，平均每个县的植树造林面积则从

6.76km² 增加到 21.39km²，增幅明显。

7.5 贵州石漠化与社会经济时空耦合特征

7.5.1 喀斯特石漠化与社会经济单向耦合指数

根据贵州 78 个岩溶县（市、区）在 2000 年和 2011 年的喀斯特石漠化和社会经济活动特征，本研究应用单元耦合指数 C_{ij}^k 解析了每一个岩溶县的任意一组石漠化和社会经济活动指标之间的关系，应用 ArcGIS 10.1 平台绘制了两个指标耦合关系的空间分布格局。以加权石漠化面积和建设用地比重为例，计算两者的耦合指数并绘制相应的空间分布图（图 7-5）。可以看出，多数县域单元两则耦合指数多小于 0.5，这表明城镇化水平与石漠化的严重程度呈现明显的负耦合特征，即建设用地比重越大，则加权石漠化面积越小。从城镇化发展对石漠化的影响来看，城镇化的发展使得农村人口向城镇流动，减轻了石漠化土地的压力，同时人们对生态环境的要求不断提高，也有充足的资金用于生态修复治理，因此，

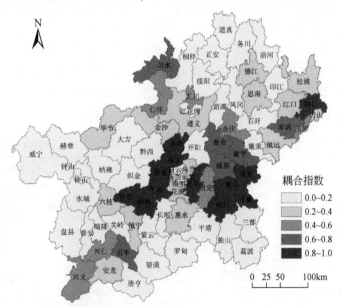

图 7-5 贵州岩溶县（市、区）加权石漠化面积和建设用地比重的耦合指数

考虑到制图空间和现实效果，本图中行政单元名称均选取各单元地名的
前两个字作为表述，详细名单参考表 7-1

城镇化水平的提高有助于石漠化的控制。反过来，从石漠化对城镇化的影响来看，石漠化严重的区域，陡坡区域比例较大，水土流失剧烈，生态环境破坏更为严重，可用的优质土地资源有限，也不利于城镇用地的发展和扩展。

通过空间分布图还可以发现，部分县域的城镇化水平与石漠化程度呈现正耦合关系，如龙里县、麻江县、平坝县、普定县、息烽县和修文县的加权石漠化面积和建设用地比重耦合指数大于0.80，建设用地比重也小，但同时，加权石漠化面积也较小，严重程度较低。这表明，这些区域尽管城镇化水平低，大量的人口还生活在农村，以农业生产为主，但区域自然环境本底质量较好，不容易导致石漠化的发生和加剧，同时，这些县域的坡耕地比重较低，耕作对生态环境的干扰和破坏程度较弱，使得石漠化不容易发生，因此，两者呈现正耦合关系。通过不同县域的耦合指数高低和空间格局比较，可以判断社会经济活动与石漠化的相互关系和区域分布差异。

7.5.2 喀斯特石漠化与社会经济综合耦合指数

应用综合耦合指数 C_{ij}，可综合评估研究区在2000年和2011年的石漠化和社会经济活动相互耦合关系（表7-6和表7-7）。这其中，已石漠化面积和加权石漠化面积2个综合石漠化指标刻画总体石漠化特征及其与社会经济活动的关系，而6个石漠化等级的单项石漠化指标则进一步揭示了社会经济与石漠化相互转化的复杂关系。可以发现，各项石漠化和社会经济活动的正负耦合关系都存在，总体上各指标之间的耦合关系从2000~2011年并没有发生显著的改变，但有部分指标之间的耦合关系在加强。

表 7-6 贵州岩溶县（市、区）2000年石漠化与社会经济耦合指数

类别	已石漠化面积	加权石漠化面积	无石漠化面积	潜在石漠化面积	轻度石漠化面积	中度石漠化面积	重度石漠化面积	极重度石漠化面积
人口密度	0.29	0.27	0.76	0.47	0.30	0.58	0.45	0.34
流出人口比重	0.65	0.66	0.58	0.73	0.68	0.61	0.45	0.44
建设用地比重	0.25	0.18	0.60	0.44	0.25	0.28	0.33	0.36
城镇人口比重	0.27	0.17	0.76	0.58	0.19	0.35	0.45	0.29
工矿用地面积比重	0.30	0.33	0.59	0.44	0.21	0.30	0.27	0.32
人均国内生产总值	0.28	0.24	0.62	0.36	0.21	0.31	0.36	0.21
农民人均纯收入	0.35	0.36	0.71	0.57	0.37	0.38	0.36	0.25
农业总产值	0.68	0.64	0.54	0.75	0.74	0.68	0.48	0.53

续表

类别	已石漠化面积	加权石漠化面积	无石漠化面积	潜在石漠化面积	轻度石漠化面积	中度石漠化面积	重度石漠化面积	极重度石漠化面积
单位耕地粮食产量	0.35	0.35	0.82	0.63	0.75	0.61	0.38	0.51
15°以上坡耕地比重	0.73	0.85	0.38	0.59	0.67	0.63	0.76	0.64
植树造林面积	0.47	0.45	0.52	0.62	0.61	0.54	0.46	0.47
退耕还林（草）面积	0.47	0.48	0.67	0.68	0.67	0.59	0.42	0.43

表 7-7　贵州岩溶县（市、区）2011 年石漠化与社会经济耦合指数

类别	已石漠化面积	加权石漠化面积	无石漠化面积	潜在石漠化面积	轻度石漠化面积	中度石漠化面积	重度石漠化面积	极重度石漠化面积
人口密度	0.27	0.31	0.61	0.48	0.27	0.52	0.39	0.38
流出人口比重	0.72	0.83	0.36	0.82	0.66	0.58	0.61	0.63
建设用地比重	0.28	0.23	0.58	0.46	0.21	0.34	0.33	0.22
城镇人口比重	0.28	0.18	0.61	0.51	0.31	0.38	0.33	0.26
工矿用地面积比重	0.33	0.36	0.72	0.53	0.27	0.41	0.32	0.35
人均国内生产总值	0.18	0.16	0.76	0.53	0.35	0.33	0.37	0.25
农民人均纯收入	0.25	0.25	0.71	0.58	0.44	0.32	0.38	0.37
农业总产值	0.66	0.63	0.53	0.78	0.82	0.72	0.47	0.53
单位耕地粮食产量	0.35	0.31	0.72	0.74	0.51	0.37	0.32	0.57
15°以上坡耕地比重	0.76	0.83	0.43	0.68	0.58	0.61	0.67	0.68
植树造林面积	0.42	0.37	0.69	0.64	0.66	0.55	0.37	0.33
退耕还林（草）面积	0.42	0.42	0.75	0.73	0.75	0.49	0.35	0.43

　　对比发现，贵州岩溶县（市、区）的石漠化与社会经济活动之间存在强度耦合关系的组合（即 $C_{ij}>0.80$ 或者 $C_{ij}<0.20$）的较少，2000 年呈现强正耦合和强负耦合关系仅各有 2 组和 3 组，而 2011 年出现强正耦合和强负耦合关系略有增加，但也仅各有 4 组和 3 组。

　　总的来讲，2 个石漠化综合指标（表 7-2）与社会经济指标之间的耦合关系，同轻度石漠化面积、重度石漠化面积和极重度石漠化面积 3 个单项指标与社会经济指标之间的耦合关系是基本一致的。相反地，无石漠化面积指标本身与综合石漠化指标以及轻度石漠化面积、重度石漠化面积、极重度石漠化面积 3 个指标多为负相关关系，因此，无石漠化面积指标与社会经济指标的耦合关系多与上述关系是相反的。此外，潜在石漠化面积和中度石漠化面积与社会经济指标的耦合关系则更为复杂，并且，这2个石漠化指标与社会经济活动指标的耦合关系强度相对较弱，出现了多组的弱耦合关系。

为了刻画上述耦合关系的强度变化，本研究还计算了石漠化指标与社会经济活动的联合耦合强度指数（表7-8和表7-9），该值越小，则表明强度越大。可以发现，2000~2011年，石漠化发生和社会经济发展这两者耦合关系强度基本变化不大，从0.35下降到了0.34。其中，已石漠化面积、加权石漠化面积、重度石漠化面积和极重度石漠化面积与社会经济的耦合强度略有增加，轻度石漠化面积和中度石漠化面积与社会经济的耦合强度略有下降，无石漠化面积和潜在石漠化面积与社会经济的耦合强度基本稳定。流出人口比重、植树造林面积和退耕还林（草）面积与石漠化的耦合强度2000~2011年有了一定程度的增加，其余指标与石漠化的耦合强度总体变化不大。

表7-8　各石漠化指标与社会经济活动的联合耦合强度指数

石漠化等级	2000 年	2011 年	变化
已石漠化面积	0.33	0.30	-0.03
加权石漠化面积	0.31	0.28	-0.03
无石漠化面积	0.35	0.34	-0.01
潜在石漠化面积	0.38	0.37	-0.01
轻度石漠化面积	0.28	0.32	0.04
中度石漠化面积	0.37	0.39	0.02
重度石漠化面积	0.39	0.37	-0.02
极重度石漠化面积	0.37	0.35	-0.02

表7-9　各社会经济活动指标与石漠化的联合耦合强度指数

社会经济活动指标	2000 年	2011 年	变化
人口密度	0.35	0.36	0.01
流出人口比重	0.37	0.34	-0.03
建设用地比重	0.31	0.31	0.00
城镇人口比重	0.30	0.31	0.01
工矿用地面积比重	0.32	0.33	0.01
人均国内生产总值	0.29	0.29	0.00
农民人均纯收入	0.35	0.34	-0.01
农业总产值	0.37	0.36	-0.01
单位耕地粮食产量	0.35	0.35	0.00

续表

社会经济活动指标	2000 年	2011 年	变化
15°以上坡耕地比重	0.31	0.32	0.01
植树造林面积	0.45	0.41	−0.04
退耕还林（草）面积	0.40	0.38	−0.02

根据表7-6～表7-9，可分析各石漠化与社会经济指标之间的耦合关系和变化。人口压力的两个指标与石漠化指标的耦合关系基本是相反的，人口密度既表示人口对区域的压力高低，又表明了区域人口聚集的吸引程度，而流出人口比重的高低则刻画区域人口压力变化的强度。可以看出，人口密度高低与石漠化强度为负耦合关系，如人口密度与加权石漠化面积的耦合指数2000年和2011年分别是0.27和0.31，流出人口比重则为正耦合关系，如上述两个指标的耦合指数在2000年和2011年分别是0.66和0.83，2011年更是达到了强正耦合关系。这说明人口密度越大，流出人口比重越小，石漠化程度较轻，反之，区域石漠化较严重。当人口压力增大时，容易加剧对土地的干扰和破坏，导致石漠化的发生，两者可能出现正耦合关系，但是，若人与自然出现和谐发展，人口继续增加，生态环境也会改善，石漠化程度反而较低，这与是目前研究区的总体趋势是相一致的。石漠化改善、生态环境较好，有利于吸引人口聚集，人口密度加大，流出人口比重也较低，而人口密度较小的喀斯特偏远区域往往生态环境较恶劣，石漠化比重也较大。同时，石漠化程度的加剧会破坏人们的生存环境，导致大量人口流出，石漠化越严重的地区，流出人口越多。从2000～2011年，流出人口比重与石漠化的耦合关系强度在增加，该指标与加权石漠化面积和潜在石漠化面积从中耦合关系转为强正耦合关系，2011年耦合指数分别达到0.83和0.82，与无石漠化面积的耦合关系也从弱耦合转为中正耦合。

城镇化水平和经济发展水平两类的5类指标与石漠化指标表现出基本一致的负耦合关系，与无石漠化等级为正耦合关系。其中，有部分达到了强负耦合关系：2000年，建设用地比重与加权石漠化面积、城镇人口比重与加权石漠化面积以及城镇人口比重与轻度石漠化面积为强耦合，指数分别是0.18、0.17和0.19；2011年，城镇人口比重与加权石漠化面积、人均国内生产总值与已石漠化面积以及人均国内生产总值与加权石漠化面积为强耦合，指数分别是0.18、0.18和0.16。从城镇化水平和经济发展水平对石漠化影响的角度，城镇化的发展使得区域的建设用地比重、城镇人口比重和工矿用地面积比重3项指标都明显增加，使得农业人口逐步向非农人口转移，农村劳动力转向第二、第三产业，降低了各项不合理土地利用活动对区域的干扰，有利于石漠化的治理和修复。同时，经济发展使得区域的人均国内生产总值和农民人均纯收入都明显增加，人口素质也得到提高，可有效地利用现有的资源，保护生态环境。从石漠化对城镇和经济发展的影响，石漠化程度减轻则会增加人均国内生产总值，石漠化改善越大的地区，人均国内生产总值和农民人均纯收入增加越多。石漠化蚕食喀斯特地区本就有限的土地资源，大量的农业劳动力被束缚在峭瘠薄的土地上，使农村经济发展缺乏活力，发展速度滞后，对从事农业活动所谓"靠天吃饭"的农民的收入产生严重的影响。从 2000～2011 年，经济发展水平与石漠化强度的耦合强度在增加。

土地利用活动的 3 个指标与石漠化的关系有所不同，农业总产值和坡耕地面积比重 2 个指标与石漠化强度为正耦合关系，而单位耕地粮食产量与石漠化强度为负耦合关系。农业活动对石漠化的影响较为复杂，农业总产值大，表明区域生产活动以农业为主，喀斯特地区的耕地资源有限，人们对土地的依赖程度越大，农业生产规模大，容易加大资源掠夺程度，已石漠化面积和加权石漠化面积则越大。与此同时，贵州农业产业结构的调整和高附加值、高效率的农业生产，有助于石漠化的恢复，因此，农业生产总值与重度石漠化面积和极重度石漠化面积 2 个指标的耦合关系较弱，且 2000～2011 年，区域农业生产总值的增加使得上述的正耦合关系减弱，多数耦合指数的数值都出现了减少。在单位耕地粮食产量方面，石漠化的加剧会破坏耕地，致使部分耕地失去耕种价值，可耕种的耕地数量减少，粮食产量降低，因此，石漠化强度与单位耕地粮食产量为负耦合关系，而与无石漠化面积等级为正耦合关系，并且，2000 年两者的耦合系数达到了 0.82。坡耕地更是石漠化发生和加剧的一大原因，15°以上坡耕地比重与加权石漠化面积的耦合指数在 2000 年和 2011 年分别为 0.85 和 0.83，两者达到正强耦合关系。若没有水土保持措施，不仅产量低而不稳，而且极易导致水土流失，石漠化现象越来越严重，因此，坡耕地面积比重与石漠化强度呈正耦合关系。

植树造林和退耕还林（草）等生态修复工程有效改善和治理了石漠化，促进严重石漠化等级向无石漠化、潜在石漠化和轻度石漠化等级石漠化转变，低等级石漠化的面积比例与生态工程呈正耦合关系，如 2011 年，植树造林面积与无石漠化面积、潜在石漠化面积和轻度石漠化面积 3 个指标的耦合指数分别为 0.69、0.64 和 0.66。同时，这些生态修复工程有效降低了严重石漠化等级的面积，与重度石漠化面积为中负耦合关系，如 2011 年植树造林和退耕还林（草）面积与重度石漠化面积的耦合指数分别为 0.37 和 0.35，但与极重度石漠化面积多为弱耦合关系，只有在 2011 年与植树造林面积的耦合指数达到 0.33，为中耦合关系，进一步凸显了极重度石漠化治理的难度。可以发现，退耕还林（草）和植树造林等工程在 2000 年之后规模明显大于 2000 年之前，因此，对石漠化演化的影响更大。2000 年生态工程与石漠化的耦合关系相较 2011 年的弱，耦合强度指数分别从 0.39 和 0.45 下降到了 0.37 和 0.42，且植树造林面积与加权石漠化面积、无石漠化面积和重度石漠化面积的耦合关系强度，以及退耕还林（草）面积与强度石漠化的耦合关系强度偶明显增加，由弱耦合转为中耦合。

7.6 石漠化与社会经济时空耦合指数的应用前景

本研究借鉴物理学的容量耦合概念，构建了系列石漠化与社会经济时空耦合指数，包括单元耦合指数（C_{ij}^k）、综合耦合指数（C_{ij}）以及联合耦合强度指数（$I_{K_t \leftrightarrow S}$ 和 $I_{K \leftrightarrow S_j}$）。基于各指数数值和分级情况，可分别用于解析每个研究单元喀斯特石漠化与社会经济活动的耦合关系整个研究区石漠化与社会经济活动的综合耦合关系以及两者的联合耦合强度指数。以贵州岩溶县（市、区）为研究区，应用上述指数，选取了综合和单项石漠化表征的 2 类 8 个指标，以及人口压力、城镇化水平、经济发展水平、土地利用活动和生态修复工程 5 类共计 12 个社会经济活动指标，探讨了喀斯特石漠化与社会经济时空耦合关系。发现贵州岩溶县（市、区）石漠化与社会经济关系密切，彼此相互作用和影响，总体上各指标之间的耦合关系强度从 2000~2011 年略有增加，但总体上并没有发生显著的改变，但有部分指标之间的耦合关系在加强。应用本研究提出的系列耦合指数，发现人口压力、城镇化水平和经济发展水平 3 类指标，与石漠化发生的严重程度多为负耦合关系，尤其是城镇化水平和经济发展水平与石漠化发生部分达到了强负耦合关系；农业生产方面，农业规模及坡耕地比例的强度与石漠化发生多为正耦合关系，只有耕地生产能力与石漠化发生形成负耦合关系；植树造林和退耕还林（草）等生态恢复过程有利于石漠化的治理与恢复，但研究发现上述生态工程规模与石漠化指标耦合关系较弱。本研究提出的耦合指数从多方面量化和解析了喀斯特地区石漠化与社会经济活动时空关联关系，有利于进一步探索两者的互馈过程，进而探索石漠化恢复与社会经济提升耦合关系的途径。

第 8 章 | 耦合自上而下和自下而上过程的喀斯特石漠化模拟模型

喀斯特石漠化是影响中国西南地区的一个严重生态环境问题。值得注意的是，预测喀斯特石漠化的潜在扩张或收缩趋势，可以制定有效策略预防喀斯特石漠化。本研究开发了一种模拟喀斯特石漠化时空演化的模型——"石漠化动态模拟模型"（SDKRD 模型）（Xu and Zhang, 2018）。该模型的新颖之处在于能够刻画喀斯特石漠化的局部时空演化特征，并将这些信息整合进行全局预测。SDKRD 模型由三个模块组成：全局预测与情景设计模块、局部信息与邻域效应模块和空间分配-迭代模块。本研究应用 SDKRD 模型对长顺县的喀斯特石漠化进行了动态模拟和测试。结果表明，模型模拟和实际解译的喀斯特石漠化的空间一致性和统计可靠性证实了该模型的有效性。应用 SDKRD 模型，本研究设计了三种未来石漠化演替情景（历史演化、重点治理和完全修复），分别模拟 2010~2030 年的喀斯特石漠化空间分布。历史演化情景下，喀斯特石漠化整体情况好转，局部分散恶化；其他两种模拟情景表明不同石漠化恢复策略可不同程度整理和修复不同等级石漠化。在喀斯特石漠化演替过程中，中间阶段更容易发生不同等级的相互转变。在三种情景中随着喀斯特石漠化治理强度的增加，无石漠化等级面积分别增加了 8.7%、13.5% 和 16.6%，而中度石漠化面积分别减少了 38.3%、53.0% 和 53.9%。本研究还用 SDKRD 模型模拟了特定的喀斯特石漠化演替轨迹过程，并将喀斯特石漠化转变区域进行空间可视化表达，有利于差别化石漠化恢复和治理。

8.1 喀斯特石漠化模拟的研究背景

喀斯特石漠化不断吞噬人类生存空间，威胁生态安全，制约西南地区的可持续发展（Wang et al., 2004a; Bai et al., 2013; Xu and Zhang, 2014）。喀斯特石漠化演替是一个复杂的过程，在空间和时间尺度上受多种因素的驱动影响（Hu et al., 2004; Bai et al., 2013; Xu and Zhang, 2014）。因此，模拟喀斯特石漠化空间演化需综合刻画不同尺度的驱动因子、有效量化各驱动因子的贡献，从而有效提高石漠化模拟精度，准确预测石漠化演替，为石漠化有效治理与恢复提供科学依据。

目前已有研究开始尝试模拟和预测喀斯特石漠化演替过程。在非空间维度上，基于遥感图像中获取喀斯特石漠化空间分布，结合历史演替趋势和多情景设置，模拟喀斯特石漠化的动态变化（熊康宁和陈起伟，2010；程洋等，2012；Zhang et al.，2015）。与此同时，在空间维度上，由一系列转换规则构成的元胞自动机模型被用于模拟喀斯特石漠化的空间分布（Chopard and Droz，1998）。例如，马士彬等（2015）利用 Logistic 回归和元胞自动机模型模拟了柳枝县喀斯特石漠化的空间分布。李玲和麦雄发（2009）将元胞自动机模型与人工神经网络相结合，通过数据驱动的自适应方法（Kaastra and Boyd，1996）推导转换规则，模拟喀斯特石漠化演替。张学锋等（2012）利用共同策略和邻域扩张效应，建立了两种类型的元胞自动机模型，预测喀斯特石漠化演替。

喀斯特石漠化演替模拟模型需要对不同驱动力的复杂影响进行量化。然而，现有研究中尚缺乏对喀斯特石漠化演替过程的全局外生效应和区域局部变化特征的充分量化。元胞自动机模型无法完全反映中国西南地区喀斯特石漠化实施恢复和治理的多重外在影响，并且在此类模型中喀斯特石漠化与其驱动因素之间的空间差异关系被假定是恒定不变的，因此容易被忽略（李玲和麦雄发，2009；张学锋等，2012；马士彬等，2015）。另外，以往对喀斯特石漠化演替的研究由于缺乏对区域喀斯特石漠化演替过程邻域效应影响的考虑，不同等级喀斯特石漠化邻域效应的深入分析较少。而在实际生活中，如果缺少有效的恢复措施，重度石漠化会迅速扩张到周围地区（Bai et al.，2013）。考虑到上述研究的不足，迫切需要开发全面模拟石漠化演替进程和高精度的喀斯特石漠化空间模拟模型。

截至目前，前期研究尚缺乏对喀斯特石漠化演替过程的全局外生效应和区域局部变化特征的考虑。为解决这一问题，本研究研发了一个可用于喀斯特石漠化时空演变的模型模拟——"石漠化动态模拟模型"（SDKRD 模型），以提高喀斯特地区土地石漠化过程预测的准确性。它的新颖之处在于耦合自上而下和自下而上的方法来预测喀斯特石漠化治理的全局外生效应，并分析局部范围石漠化驱动力和邻域效应的空间差异特征。自上而下部分主要是对喀斯特石漠化进行全局预测和空间单元分配，包括石漠化演替过程统计分析与预测、未来不同喀斯特石漠化恢复策略的情景设置以及不同等级石漠化单元的空间分配规则设置。自下而上部分主要涉及影响喀斯特石漠化空间演化过程的不同局部信息和邻接效应，以及与全局预测结果保持一致的迭代计算过程。本研究选取长顺县为研究区，应用 SDKRD 模型对研究区 2000～2010 年的喀斯特石漠化空间分布进行了模拟和验证，并对 2010～2030 年的喀斯特石漠化进行预测，以评估 SDKRD 模型的有效性，为喀斯特石漠化恢复和治理提供决策支撑。

8.2　喀斯特石漠化模拟模型的构建

8.2.1　喀斯特石漠化分级系统

喀斯特石漠化是植被、土壤和土地生产能力退化的复杂过程,目前仍缺乏明确的科学定义(Wang et al., 2004a;Jiang et al., 2014;Xu et al., 2015;Yan and Cai, 2015),但可以通过识别和评估植被、土壤和土地生产能力等特征进行石漠化分级。遥感技术作为监测喀斯特石漠化的有效手段(Hu et al., 2004;Huang and Cai, 2007;Bai et al., 2013;Xu et al., 2015),可提取遥感图像中的植被覆盖、土壤覆盖和岩石裸露信息,绘制不同等级喀斯特石漠化的空间。植被和土壤覆盖率较低,基岩裸露率较高,表明喀斯特石漠化程度较重。根据前人的研究(Li et al., 2009;Xu et al., 2013;Xu and Zhang, 2014),本研究将单元内基岩裸露率,植被和土壤覆盖比例作为喀斯特石漠化的分级标准(表8-1),考虑到极重度石漠化类型面积比重很低,将极重度石漠化类型和重度石漠化类型合并,基岩裸露率超过70%统称为重度石漠化。基于岩性分布图,剔除非喀斯特区域,提取喀斯特地区分布范围,利用遥感数据、结合目视解释方法,对喀斯特石漠化进行分级。最后,根据喀斯特石漠化程度从低到高划分为五个等级,分别是无石漠化、潜在石漠化、轻度石漠化、中度石漠化和重度石漠化。需要指出的是,由于研究区极重度石漠化比例很小,预测其时空变化分布存在较大的随机性和不确定性。因此,不同于其他章节,当基岩裸露率超过70%而植被和土壤覆盖率低于30%时,本节统一划分为重度石漠化而不在其中划分出更严重等级的极重度石漠化。

表 8-1　喀斯特石漠化分级标准　　　　　　　　　　　（单位:%）

石漠化等级	基岩裸露率	植被和土壤覆盖
无石漠化	0 ~ 20	80 ~ 100
潜在石漠化	21 ~ 30	70 ~ 79
轻度石漠化	31 ~ 50	50 ~ 69
中度石漠化	51 ~ 70	30 ~ 49
重度石漠化	71 ~ 100	0 ~ 29

本研究选择长顺县作为案例区(图4-1),采用 Landsat 7 ETM +遥感影像绘制2000 年和2010 年长顺县的喀斯特石漠化图。其中,2010 年的图像为条形修复

图像，由中国科学院计算机网络信息中心地理空间数据云平台提供（http://www.gscloud.cn/）。

8.2.2　石漠化驱动因子选择及量化

根据研究区域的特征及现有文献进展（Liu et al.，2008；Jiang et al.，2009；Yang et al.，2011；Xu and Zhang，2014；Li et al.，2015），本研究共选择 10 组喀斯特石漠化驱动力数据（图 8-1）。其中，土壤质地（砂土与黏土的比例）、岩性（石灰岩比例）、植被覆盖率和地形因子（海拔和坡度）等因子可表征喀斯特地区物理环境。由于长顺县的面积较小，气候因素的空间异质性较小，且与地形因子相关性很高，因此在此研究中没有考虑气候因素的影响。

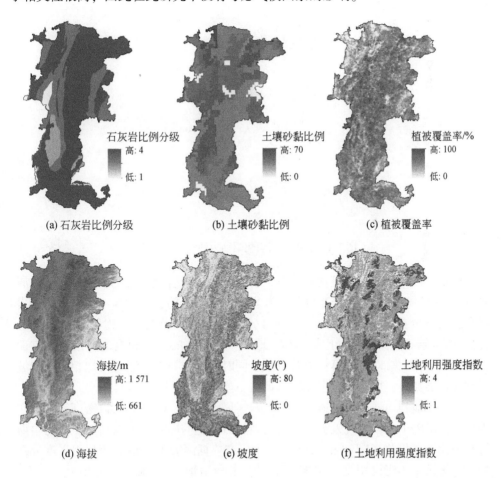

(a) 石灰岩比例分级　　　(b) 土壤砂黏比例　　　(c) 植被覆盖率

(d) 海拔　　　(e) 坡度　　　(f) 土地利用强度指数

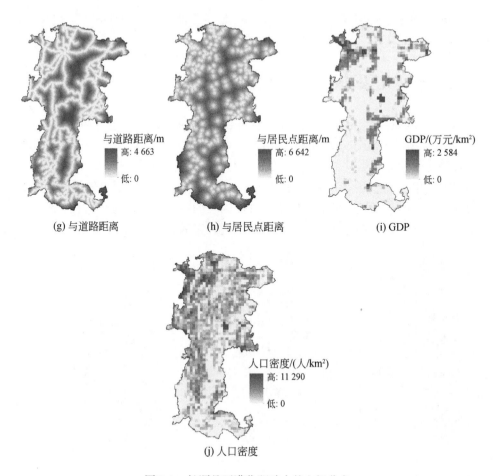

图 8-1　长顺县石漠化驱动力的空间分布

　　根据岩性与喀斯特石漠化的关系，将碳酸盐岩组合类型分为：等级 1（碎屑岩），等级 2（灰岩/碎屑岩互层、白云岩/碎屑岩互层），等级 3（灰岩夹碎屑岩组合、白云岩夹碎屑岩组合），等级 4（连续性石灰岩组合、连续性白云岩组合），等级越高则碳酸盐岩比例越高。地形影响局部的光照和温度等因子，进而影响植被生长和喀斯特石漠化演替过程。同时，坡度与水土流失密切相关，陡坡通常会增强径流，加剧土壤侵蚀和喀斯特石漠化。

　　选择土地利用强度、与道路距离、与居民点距离、GDP 和人口密度等因子作为社会经济因子，以体现人类活动对喀斯特石漠化的影响。土地利用类型与喀斯特石漠化密切相关（Li et al., 2009），本研究依据两者关系将土地利用强度分级如下：等级 1（建设用地、水域、水田、未利用地）、等级 2（林地）、等级 3（旱地）、等级 4（草地），等级越高，土地利用强度越大。与道路和居民点的欧式距离可量化人类活动强弱程度空间分布（Simpson and Christensen，1997；Xu and Zhang，2014），与道路和居民点的距离越短，人类活动影响越大。各石漠化驱动力详细数据来源和主要处理过程见表 8-2。

表 8-2　石漠化驱动力因子及数据来源

驱动因子	数据来源	数据处理
x_1：石灰岩比例分级	国家林业和草原科学数据共享服务平台	数字化，基于岩性特征与石漠化关系进行赋值（Wang et al.，2004b）
x_2：土壤砂黏比例	中国土壤特征数据集（Shangguan et al.，2012）	数字化与格式转换
x_3：植被覆盖率	MOD13Q1 NDVI 产品-MODIS/Aqua Vegetation Indices（https：//ladsweb. nascom. nasa. gov/data/）	最大月合成法计算 NDVI，5% 最大值/最小值的 NDVI 换算为植被覆盖率（Zeng et al.，2000）
x_4：海拔	中国科学院计算机网络信息中心地理空间数据云平台	重采样
x_5：坡度	中国科学院计算机网络信息中心地理空间数据云平台	基于海拔数据的 GIS 栅格计算
x_6：土地利用强度指数	中国科学院资源环境科学数据中心，中国科学院地理科学与资源研究所	格式转换，基于土地利用强度与石漠化关系进行赋值（Li et al.，2009）
x_7：与道路距离	长顺县国土资源局	数字化与 GIS 缓冲区计算
x_8：与居民点距离	长顺县国土资源局	数字化与 GIS 缓冲区计算
x_9：GDP	中国科学院资源环境科学数据中心，中国科学院地理科学与资源研究所	重采样
x_{10}：人口密度	中国科学院资源环境科学数据中心，中国科学院地理科学与资源研究所	重采样

8.2.3　喀斯特石漠化动态模拟模型

SDKRD 模型主要由以下三个模块组成（图 8-2）：①全局分析和设计模块，非空间信息的喀斯特石漠化变化趋势的全局预测；②局部挖掘和量化模块，预测分析影响喀斯特石漠化演替过程的空间局部差异特征；③空间分配和聚合模块，通过迭代过程耦合上述的全局预测和局部模拟两个模块。该模型中自上而下是指将喀斯特石漠化演替预测结果从全局尺度分配到局域栅格尺度，而自下而上则是通过不同等级石漠化之间的转换规则和迭代过程，保证栅格尺度的统计结果与全局分析和设计模块计算结果保持一致。

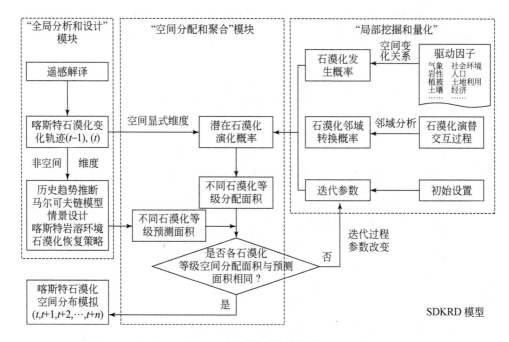

图 8-2　石漠化动态模拟模型

"全局分析和设计"模块对不同等级喀斯特石漠化进行全局非空间的数量评估，主要包括两个部分：①利用具有时间序列的动态模拟模型——马尔可夫链模型对历史喀斯特石漠化演替过程的趋势进行预测（Gilks et al.，1995）；②进行不同喀斯特石漠化治理策略的未来情景设置。

"局部挖掘和量化"模块对每个空间位置的不同等级喀斯特石漠化的转换潜力进行了预测，包括两个部分：①使用地理加权回归（GWLR）模型分析不同等级喀斯特石漠化空间分布概率，GWLR 模型可以量化喀斯特石漠化和驱动力相关关系的空间分布差异（Zhen et al.，2013）；②通过量化邻域喀斯特石漠化扩张过程对指定区域的影响，分析不同等级喀斯特石漠化的邻域效应。

"空间分配和聚合"模块整合了前两个模块的结果，包括石漠化转换规则设定和空间迭代技术。该模块根据区域不同等级喀斯特石漠化的潜在分布概率，对预测的不同等级石漠化面积进行空间分配。通过迭代过程，保证空间分配后不同等级喀斯特石漠化的面积之和与"全局分析和设计"模块预测的相应等级石漠化面积保持一致。

1. 石漠化全局分析和设计模块

预估喀斯特石漠化未来演化趋势是 SDKRD 模型的重要步骤。该模块进行顶层设计，提供非空间信息的不同等级喀斯特石漠化统计信息。通过对喀斯特石漠化演替的历史推断及未来不同喀斯特石漠化治理策略的情景设置，预测不同等级的喀斯特石漠化面积。

SDKRD 模型基于喀斯特石漠化历史演化过程，利用马尔可夫链模型（Gilks et al., 1995）预测未来喀斯特石漠化演替的趋势。马尔可夫链模型可在时间序列上分析系统动力变化，且已被应用于诸多研究领域（Whittaker and Thomason, 1994; Kuusk, 1995; Myint and Wang, 2006; Yang et al., 2012）。该模型主要原理是基于系统的前期状态变化，模拟后期变化概率。在本研究中，SDKRD 模型利用马尔可夫链，按照相同时间间隔对不同等级喀斯特石漠化的面积进行离散时间序列预测。公式如下：

$$A(t) = A(t-1)P \tag{8-1}$$

$$A(t-1) = \begin{bmatrix} A(t-1)_1 & A(t-1)_2 & \cdots & A(t-1)_k \end{bmatrix} \tag{8-2}$$

$$P = \begin{bmatrix} p_{11} & p_{12} & \cdots & p_{1k} \\ p_{21} & p_{22} & \cdots & p_{2k} \\ \vdots & \vdots & \vdots & \vdots \\ p_{k1} & p_{k2} & \cdots & p_{kk} \end{bmatrix} \tag{8-3}$$

式中，$A(t)$ 和 $A(t-1)$ 分别为特定时间（t）和初始时间（$t-1$）不同等级喀斯特石漠化的面积矩阵；k 为不同喀斯特石漠化等级，值范围为 1~5，分别表示无石漠化、潜在石漠化、轻度石漠化、中度石漠化和重度石漠化；P 为喀斯特石漠化类型从 i 级别石漠化到 j 级别石漠化的转移概率矩阵，i 和 j 值范围为 1~5，表征不同的石漠化等级。利用马尔可夫链模型，结合 $A(t)$ 和 $A(t-1)$ 的两期喀斯特石漠化面积矩阵，计算不同等级石漠化的转移概率，即喀斯特石漠化类型由 i 转变为 j 的面积比例，最终生成从初始时间到特定时间的喀斯特石漠化转移矩阵（P）。

SDKRD 模型应用马尔可夫链计算喀斯特石漠化的转移矩阵（表 8-3）。根据喀斯特环境变化差异、社会经济发展特点及喀斯特石漠化恢复与治理策略，本研究设置了三种情景，分别为历史演化情景、重点治理情景和完全修复情景。依据多情景设置，分别计算 2010~2030 年三种情景下的喀斯特石漠化等级转换矩阵。三种情景详细设置说明如下。

表 8-3　长顺县 2000~2010 年不同等级石漠化转移概率矩阵

石漠化等级	无石漠化	潜在石漠化	轻度石漠化	中度石漠化	重度石漠化
无石漠化	0.9192	0.0347	0.0243	0.0083	0.0135
潜在石漠化	0.2613	0.6451	0.0587	0.0213	0.0136
轻度石漠化	0.1675	0.4341	0.3421	0.0384	0.0179

石漠化等级	无石漠化	潜在石漠化	轻度石漠化	中度石漠化	重度石漠化
中度石漠化	0.0775	0.1532	0.3312	0.4012	0.037
重度石漠化	0.0307	0.0355	0.1064	0.2222	0.6052

历史演化情景应用马尔可夫链模型分析 2000～2010 年石漠化演替过程，从而进行 2010～2030 年的历史推断。在该情景中，未来的喀斯特石漠化恢复策略和社会经济发展活动与 2000～2010 年保持一致。石漠化恢复工程的实施、土地利用和开发、资源利用和掠夺等人类活动，对不同等级喀斯特石漠化的演替皆有正负效应。历史演化情景是未来演替的基准情景，其余两种情景是基于该情景并结合不同石漠化治理策略计算相应的石漠化转换矩阵。

重点治理情景将潜在石漠化、轻度石漠化和中度石漠化三种等级作为喀斯特石漠化恢复和人类活动控制的重点治理目标。这三种喀斯特石漠化级别是喀斯特石漠化演替过程的中间阶段，更容易转换为其他等级，因此可以更有效地治理和恢复（Bai et al., 2013；陈起伟等，2013）。以往样地研究表明，由于较丰沛的雨热条件有利于植物生长，在喀斯特地区实施植被恢复与管理工程，植被覆盖度可在 10 年内增加 10%～30%。考虑到历史演化情景中的现有石漠化治理与恢复措施，重点治理情景中植被恢复效果取样地研究的平均值（即 10 年增加 20%）。本研究调整历史演化情景的喀斯特石漠化转移矩阵，计算重点治理情景的转移矩阵（表 8-3）。其中，潜在石漠化、轻度石漠化和中度石漠化转换为更严重喀斯特石漠化等级的概率下降了 20%，而潜在石漠化、轻度石漠化和中度石漠化转换为较轻微喀斯特石漠化等级的概率增加了 20%。

完全修复情景强调生态恢复和限制区域发展的管理策略，目标是实现喀斯特石漠化全面恢复，限制喀斯特地区人类活动以减轻对土地的压力。基于重点治理情景的石漠化转移矩阵，将喀斯特石漠化转换概率的调整扩展到无石漠化和重度石漠化两种等级。转换矩阵修改结果如下：所有等级喀斯特石漠化转换到更严重石漠化等级的概率下降 20%，转换到轻微喀斯特石漠化等级的概率增加 20%。

2. 喀斯特石漠化与驱动力之间的空间变化关系

模拟喀斯特石漠化的空间动态变化，关键是预测每个空间位置上不同驱动力影响下的喀斯特石漠化等级的转换潜力。鉴于复杂系统变化的不确定性，概率规则比确定性规则有更好的灵活性和适应性来表达区域的动态变化潜力（Liao et al., 2016）。以往研究中采用多种传统的统计方法来探讨喀斯特石漠化与其驱动力之间的关系，如多元线性回归模型、冗余分析和人工神经网络等（Liu et al., 2008；

Li et al., 2009；Yang et al., 2011；马士彬等，2015）。然而，这些统计方法皆是
将研究区作为一个整体，测算的统计自变量与因变量之间的相关关系是区域的平
均值，这使得驱动力与喀斯特石漠化之间关系的空间差异无法得到体现和量化。
相比之下，GWR 模型可以通过在每个空间位置生成一组回归系数来探索自变量
（X）和因变量（Y）之间的空间变化关系（Brunsdon et al., 1996；Fotheringham
et al., 2003）。因此，本研究选择 GWR 模型群中的一种量化因变量为 0 和 1 分布的
特定类型——GWLR 模型，用于模拟二元变量和自变量之间的关系（Zhen et al.,
2013），识别 SDKRD 模型中喀斯特石漠化与驱动力之间的空间变化关系。由于自
变量（X）和因变量（Y）在不同空间位置显示非线性关系，因此，GWLR 模型
将因变量（Y）的 Logit 变换应用于每个空间位置的自变量（X）变化，建立线性
函数。公式表示如下：

$$\ln\left(\frac{P_{E,\,d}(u_i,\,v_i)}{1 - P_{E,\,d}(u_i,\,v_i)}\right) = \beta_{0,\,d}(u_i,\,v_i) + \sum_{j=1}^{k} \beta_{j,\,d}(u_i,\,v_i)x_{ij} \tag{8-4}$$

式中，$P_{E,d}(u_i,\,v_i)$ 为研究区第 i 空间位置 $(u_i,\,v_i)(i = 1,\,2,\,\cdots,\,n)$ 的不同
等级喀斯特石漠化的发生概率；d 为不同喀斯特石漠化等级，取值范围为 1～5，
分别表示无石漠化、潜在石漠化、轻度石漠化、中度石漠化和重度石漠化；$(u_i,\,v_i)$ 为第 i 个空间位置的坐标；$\ln$ 为自然对数；$\beta_{0,d}(u_i,\,v_i)$ 为模型的截距项；
$\beta_{j,d}(u_i,\,v_i)$ 为第 j 个自变量和第 i 个空间位置 $(u_i,\,v_i)$ 的局部地理加权回归系
数；j 为从 1 到 10 的驱动因子序号；x_{ij} 为第 j 个自变量和第 i 个空间位置 $(u_i,\,v_i)$ 的观测值，如果某一等级喀斯特石漠化出现在该位置，则该值为 1，否则为
零。通过生成加权回归方程和一组局部回归系数 $\beta_{k,d}(u_i,\,v_i)$，利用 GWLR 模型
进行全局不同位置的回归预估。

　　为了估计地理加权回归系数 $\beta_{k,d}(u_i,\,v_i)$，GWLR 模型需要选择合适的高斯
距离衰减函数和特定带宽来计算空间权重矩阵（Fotheringham et al., 2003；Zhen
et al., 2013）。由于自适应带宽的优越性，特别是当数据点的分布是错综复杂时
的快速计算能力（Fotheringham et al., 2003；Shafizadeh-Moghadam and Helbich,
2015），所以本研究选用自适应双平方核函数进行回归系数的估算。

3. 喀斯特石漠化的邻域效应

　　邻域效应是空间动态模拟模型中类型转换规则的重要组成部分，并在有关计
算中起着关键作用。例如，城市扩张中新增建设用地经常沿着原有用地斑块的边
缘以蔓延形势扩张（White and Engelen, 2000；Hagoort et al., 2008；Liao et al.,
2016）。喀斯特石漠化容易蔓延至邻域空间，损坏土地的生产能力并加剧土壤侵
蚀。因此，喀斯特石漠化的扩张也容易受邻域空间石漠化的影响。在 SDKRD 模
型中，为了表征石漠化演替的邻域效应，我们将在特定位置邻域范围内的不同喀
斯特石漠化等级的出现次数之和定义为邻域转换概率，计算公式如下：

$$P'_{N,\,d}(u_i,\,v_i) = \frac{\sum_{N_1 \times N_2} \mathrm{con}(\mathrm{KRD}_j(N_1,\,N_2) = \mathrm{KRD}_d)}{N_1 \times N_2 - 1} \tag{8-5}$$

式中，$P'_{N,d}(u_i,\,v_i)$ 是第 i 个空间位置（$u_i,\,v_i$）的第 d 个喀斯特石漠化等级的邻域转换概率；d 为 $1 \sim 5$ 的不同喀斯特石漠化等级，分别表示无石漠化、潜在石漠化、轻度石漠化、中度石漠化和重度石漠化；$\mathrm{KRD}_j(N_1,\,N_2)$ 为邻域喀斯特石漠化等级；KRD_d 为第 d 个喀斯特石漠化级别；$\Sigma_{N_1 \times N_2} \mathrm{con}(\ )$ 为条件单元的求和方程；$N_1 \times N_2$ 为邻域窗口的长度，决定了邻域窗口的形状和大小。为模拟生成更紧凑的空间布局，依据先前的研究，选用 3×3 的方形移动窗口测度邻域效应（White and Engelen，2000；Hagoort et al.，2008；Liao et al.，2016）。在 3×3 的窗口内，某一喀斯特石漠化等级的数量之和越大，表示该特定空间位置指定类别的转换概率越高。$P'_{N,d}(u_i,\,v_i)$ 的取值范围为 $0 \sim 1$。

喀斯特石漠化从无石漠化到重度石漠化的分级表征了喀斯特石漠化演替连续序列的不同阶段。因此，本研究认为邻域范围内的喀斯特石漠化等级差异也对喀斯特石漠化的扩张具有显著不同的影响。我们假定如果邻域的喀斯特石漠化等级高于指定位置的石漠化等级，容易导致该位置喀斯特石漠化程度加剧；相反，喀斯特石漠化等级低则有利于喀斯特石漠化的减轻和恢复。因此，可以通过不同等级喀斯特石漠化的加权来修正邻域转换概率 $P'_{N,d}(u_i,\,v_i)$，具体等式如下：

$$P_{N,d}(u_i,v_i) = \begin{cases} \left(1 - \dfrac{\sum_{N_1 \times N_2} \mathrm{KRD}_j(N_1,N_2) \times n_j}{(N_1 \times N_2 - 1) \times 5} + \dfrac{\mathrm{KRD}_d}{5}\right) \times P'_{N,d}(u_i,v_i) & d = 1 \\[4mm] \left(1 + \dfrac{\sum_{N_1 \times N_2} \mathrm{KRD}_j(N_1,N_2) \times n_j}{(N_1 \times N_2 - 1) \times 5} - \dfrac{\mathrm{KRD}_d}{5}\right) \times P'_{N,d}(u_i,v_i) & d \neq 1 \end{cases}$$

$$\tag{8-6}$$

式中，$P_{N,d}(u_i,\,v_i)$ 为第 i 个位置（$u_i,\,v_i$）的 d 级喀斯特石漠化的邻域转换概率；d 为从 $1 \sim 5$ 不同喀斯特石漠化等级，分别表示无石漠化、潜在石漠化、轻度石漠化、中度石漠化和重度石漠化；$\mathrm{KRD}_j(N_1,\,N_2)$ 表示邻域单元的第 j 个喀斯特石漠化等级；n_j 为具有 $N_1 \times N_2$ 个单元的邻域单元中的第 j 个喀斯特石漠化等级的数量，本研究使用 3×3 邻域移动窗口。喀斯特石漠化越严重越容易加剧周围区域石漠化的发生，因此赋值的权重越大以计算 $P_{N,d}(u_i,\,v_i)$。若指定喀斯特石漠化等级邻域有更严重的喀斯特石漠化等级时，更容易加剧区域喀斯特石漠化演替，石漠化转换概率更高；反之，转换概率则较低。$P_{N,d}(u_i,\,v_i)$ 的范围为 $0 \sim 1$。

4. 喀斯特石漠化的空间分配和汇总

基于"全局分析和设计"模块的情景设置和预测结果，以及"局部挖掘和量化"模块计算的石漠化发生概率 $P_{E,d}(u_i,\,v_i)$ 和邻域转换概率 $P_{N,d}(u_i,\,v_i)$，

SDKRD 模型通过"空间分配和聚合"模块，制定转换规则并进行迭代计算，将每种喀斯特石漠化等级的空间预测面积分配到各个网格单元。根据经典的土地利用模拟模型的空间分配策略（Verburg et al.，2002），SDKRD 模型在喀斯特石漠化等级的分配过程中引入迭代参数 $P_{I,d}(u_i, v_i)$，通过式（8-7）为每个空间位置"分配"喀斯特石漠化发生概率最高的石漠化等级。

$$P_d(u_i, v_i) = P_{E,d}(u_i, v_i) + P_{N,d}(u_i, v_i) + P_{I,d}(u_i, v_i) \tag{8-7}$$

式中，$P_d(u_i, v_i)$ 为第 i 个空间位置（u_i，v_i）的 d 级喀斯特石漠化等级的潜在演化概率；$P_{E,d}(u_i, v_i)$ 为由式（8-4）计算的石漠化发生概率；$P_{N,d}(u_i, v_i)$ 为由式（8-6）计算的石漠化邻域转换概率；$P_{I,d}(u_i, v_i)$ 为 d 级喀斯特石漠化等级的迭代参数。$P_{I,d}(u_i, v_i)$ 为按照每个喀斯特石漠化等级初步设定相等数值，并在不同空间位置保持相同。在迭代过程中，模型反复比较 5 个喀斯特石漠化等级的分配面积和总体预测面积之间的差值。当分配面积小于预测面积时，模型将 $P_{I,d}(u_i, v_i)$ 的数值增大，当分配区域超过预测面积时，$P_{I,d}(u_i, v_i)$ 的数值则变小。通过比较每个喀斯特石漠化等级模型分配面积与总体预测面积，当满足所有喀斯特石漠化等级的两者面积相等时，迭代过程结束。利用 5 个喀斯特石漠化等级校准后的迭代参数，最后计算每个空间位置 5 个石漠化等级的潜在演化概率，将每个空间位置"分配"给最大潜在演化概率的喀斯特石漠化等级。

基于上述模块设置，运转 SDKRD 模型。"全局分析和设计"模块进行未来石漠化演替的 3 个情景设计，分别预测 5 个喀斯特石漠化等级的面积；"局部挖掘和量化"模块应用 GWLR 模型量化了 10 个驱动力对喀斯特石漠化的综合影响及其空间变化，并提供每个空间位置不同等级喀斯特石漠化的发生概率，同时，利用研究区喀斯特石漠化的空间分布，量化了喀斯特石漠化的邻域效应，计算邻域转换概率；"空间分配和聚合"模块基于上述参数，引入迭代参数 $P_{I,d}(u_i, v_i)$，通过迭代过程模拟喀斯特石漠化的空间演化。

8.3　喀斯特石漠化模拟模型精度验证与应用

8.3.1　石漠化动态模拟模型验证结果

通过野外调查，收集研究区 2010 年 86 个采样点的定位数据，以评估长顺县石漠化解译的准确性。结果发现，有 78 个采样点的喀斯特石漠化等级目视解释与实地调查结果一致，这说明 2010 年长顺县的喀斯特石漠化地图准确度达到了 90.7%（Xu et al.，2013；Xu and Zhang，2014）。利用相同的遥感图像和目视解释技术，本研究认为 2000 年喀斯特石漠化图的准确度与 2010 年相似，因此，下述分析均使用遥感解译数据。

为验证 SDKRD 模型模拟的可靠性，按照 2010 年遥感解译的石漠化发生面积和历史演化情景，本研究模拟长顺县 2000~2010 年喀斯特石漠化的变化，并将其与 2010 年利用目视解释获取的喀斯特石漠化图进行了比较（图 8-3）。通过整个县域和三个放大的样本窗口的目视解译与 SDKRD 模型模拟结果对比，2010 年长顺县解译和模拟喀斯特的石漠化空间演化的整体格局有较高的一致性。尤其是在喀斯特石漠化治理中特别关注的占区域面积较小的中度和重度石漠化等严重的喀斯特石漠化等级范围中，对比结果表明，解译和模拟结果呈现出良好的空间一致性。与解译结果相比，模拟结果的空间聚集分布相对较多（图 8-3）。模拟结果显示，SDKRD 模型容易消除小面积的石漠化分布，比例较大的无石漠化等级表现出更明显的空间聚集现象。类似地，在第一个样本窗口（a）的底部，中度石漠化等级的模拟结果比解译结果呈现更连续的空间分布。上述视觉对比结果表明，不同喀斯特石漠化等级的目视解译结果和 SDKRD 模型模拟结果之间呈现良好的空间一致性。

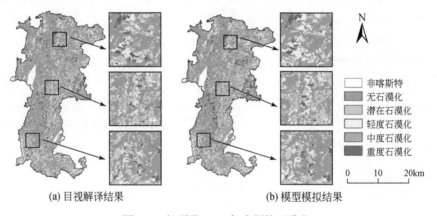

（a）目视解译结果　　　　　　　　　（b）模型模拟结果

图 8-3　长顺县 2010 年喀斯特石漠化

叠置 2010 年的解译和模拟喀斯特石漠化空间分布图，逐单元格进行准确性评估。利用 Kappa 系数、总体精度（Congalton，1991）和修正 Lee and Sallee 指数（Clarke and Gaydos，1998；Jantz et al.，2017）3 个度量指标评估 SDKRD 模型模拟结果的准确性（表 8-4）。结果表明，Kappa 系数和总体准确度分别为 0.78 和 86.4%，说明石漠化动态模拟模型的整体准确性较好（Munoz and Bangdiwala，1997）。修正的 Lee and Sallee 指数是测量空间形态一致性的指数，无石漠化、潜在石漠化、轻度石漠化、中度石漠化和重度石漠化等级分别为 0.88、0.66、0.62、0.64 和 0.62。无石漠化等级模拟结果准确性最高，而其他类别准确度相对接近。修正的 Lee and Sallee 度量值大于 0.6 表明两者空间一致性相对较高，这说明本研究提出的 SDKRD 模型模拟准确性较高（Silva and Clarke，2002；Jantz et al.，2017）。

表 8-4 长顺县石漠化模拟精度评价

修正 Lee and Sallee 指数					Kappa 系数	总体精度/%
无石漠化	潜在石漠化	轻度石漠化	中度石漠化	重度石漠化		
0.88	0.66	0.62	0.64	0.62	0.78	86.4

为了检验 SDKRD 模型在模拟中引入的邻域效应度量的效果，本研究在 2010 年的历史演化情景模拟中删去邻域转换概率 $P_{N,d}(u_i，v_i)$ 的计算，仅依据石漠化发生概率 $P_{E,d}(u_i，v_i)$ 和迭代参数 $P_{I,d}(u_i，v_i)$ 进行石漠化空间分布模拟。结果显示，与引入邻域效应的完整模型模拟结果相比，无领域转换概率 $P_{N,d}(u_i，v_i)$ 的模拟结果的 Kappa 系数较低，仅为 0.61，远低于完整模型 0.78 的 Kappa 系数，这表明石漠化等级序列之间相互作用对石漠化演替模拟影响的重要性，也证实了 SDKRD 模型中引入邻域效应的必要性和有效性。

8.3.2 石漠化动态模拟模型参数的计算结果

基于 2000~2010 年喀斯特石漠化的空间分布变化（图 8-4），SDKRD 模型计算了基准情景（历史演化情景）不同等级石漠化的转移概率矩阵，量化了驱动

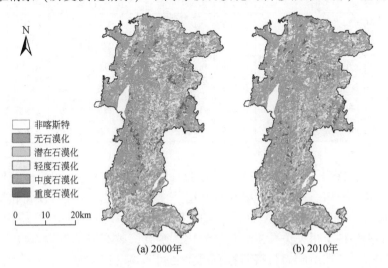

图 8-4 长顺县 2000~2010 年喀斯特石漠化空间分布

力对喀斯特石漠化影响的空间变化关系。2000～2010 年，无石漠化、潜在石漠化和重度石漠化面积分别增加了 5.4%、30.2% 和 19.6%，相反，轻度石漠化和中度石漠化面积减少计算了不同等级喀斯特石漠化之间剧烈的相互转换面积，研究区共有 419.8km² 喀斯特石漠化面积发生转换，其中有 310.0km² 面积的区域从较高等级喀斯特石漠化向较低等级转换，同时，还有 109.8km² 面积的区域从较低等级喀斯特石漠化向较高等级的喀斯特石漠化转换。

表 8-5 展示了 10 个驱动力因素和 5 种喀斯特石漠化等级之间的 GWLR 模型回归系数的统计特征。回归系数平均值的正负表示该驱动因子在主要区域是正面还是负面影响，例如，无石漠化等级的 x_2、x_3 和 x_{10} 的回归系数平均值远大于零，这表示该三个驱动因子对喀斯特石漠化有正面影响，因子数值越大则越容易加剧石漠化的发生。标准偏差则表示驱动力对不同空间位置喀斯特石漠化影响的离散程度。附图 1-1～附图 1-5 显示了 GWLR 模型回归系数的空间变化分布，各驱动因子对喀斯特石漠化不同的正负影响以及影响程度呈现明显的空间异质性。

表 8-5　地理加权回归模型回归系数的统计特征

变量	无石漠化		潜在石漠化		轻度石漠化		中度石漠化		重度石漠化	
	均值	标准差	均值	标准差	均值	标准差	均值	标准差	均值	标准差
截距	7.275	6.314	-5.856	1.909	-9.168	4.165	-0.533	0.982	0.057	0.207
x_1	-0.404	0.255	0.237	0.166	0.322	0.239	0.037	0.115	0.003	0.031
x_2	1.654	1.442	-1.965	0.342	-1.100	2.045	0.067	0.497	0.054	0.196
x_3	1.766	1.603	1.554	1.245	0.616	1.222	-0.535	0.414	-0.226	0.162
x_4	-4.711	3.818	2.100	1.267	3.864	2.358	0.589	0.596	0.048	0.140
x_5	-0.024	0.009	0.028	0.005	0.012	0.012	0.001	0.002	0.001	0.001
x_6	-2.549	0.688	0.492	0.340	2.066	0.381	0.246	0.200	0.058	0.088
x_7	0.020	0.090	0.048	0.074	0.062	0.089	-0.028	0.046	-0.002	0.015
x_8	-0.009	0.120	-0.012	0.057	0.038	0.119	0.012	0.041	-0.001	0.014
x_9	-3.630	12.657	-3.126	8.604	-1.713	17.447	9.125	17.403	3.845	14.409
x_{10}	9.650	12.412	-4.758	7.235	-10.372	8.618	-1.126	2.916	0.301	0.764

以 x_1（岩性因子）为例，无石漠化的平均系数为负（-0.404），其他喀斯特石漠化等级的平均系数为正（潜在石漠化、轻度石漠化、中度石漠化和重度石漠化平均系数分别为 0.237、0.322、0.037 和 0.003），说明岩性因子与喀斯特石漠化之间主要存在正相关关系，碳酸盐岩比例越高，越有可能发生石漠化。此外，图 8-5 显示了 x_1 在不同等级喀斯特石漠化之间明显的空间分布。对于无石漠化，高相关性区域主要位于研究区东部，低相关性区域主要位于南部和中西部。相

反，岩性与潜在石漠化和轻度石漠化呈高相关性的区域主要发生在南部和中西部，低相关性区域发生在东部，而中度石漠化和重度石漠化区域表现出更复杂的空间分布。因此，量化驱动因子与石漠化关系的空间分布差异，有助于更好地认识和刻画石漠化的演替进程。

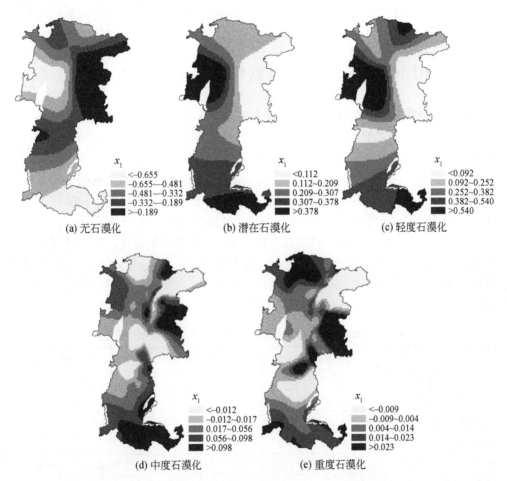

图 8-5　长顺县喀斯特石漠化地理加权回归模型系数——x_1（岩性因子）的空间分布

以上结果表明，GWLR 模型挖掘了驱动因子与喀斯特石漠化之间的空间变化关系，而不是以往研究中将两者空间关系认为是恒定不变的，这有助于更合理地解释驱动因子对石漠化的影响。前期研究发现从全局统计的角度来看，坡度与喀斯特石漠化之间的相关性较低（Xu et al., 2013; Xu and Zhang, 2014），这与现实中的普遍认知是相违背的。本研究结果也表明坡度的平均系数几乎为零（表 8-5），表明从全局角度分析，两者确实呈现很低的相关性。然而，GWLR 模型测度表明不同区域内坡度与喀斯特石漠化存在明显的正负相关性［附图 1-1（e）和附图 1-5（e）］。坡度越大，越容易加剧石漠化的发生，但坡度大的区域也限制了人类的活动；与此同时，坡度低的区域主要为沟谷地形，恰是人类活动的主要区域，若人类活动不合理，则容易加剧石漠化发生。因此，坡度因子耦合其他因子对石漠化产生复杂的影响，但在全局尺度，正负效应相互抵消，反而呈现弱相关关系。

8.3.3 不同情景下 2030 年喀斯特石漠化的模拟

表 8-6 和图 8-6 分别显示了三种未来情景下不同等级喀斯特石漠化 2010～2030 年的不同变化趋势和空间分布。通过图 8-6 可以发现研究区内喀斯特石漠化得到恢复的区域广泛分布在整个区域，喀斯特石漠化持续恶化的区域呈现出离散的空间分布特征。在历史演化情景下，发展为中度石漠化等级的区域面积相对较小，主要零散分布在白云山镇、威远镇、中坝乡和鼓杨镇等乡镇的个别区域。重点治理情景和历史演化情景的喀斯特石漠化变化趋势相同，即无石漠化、潜在石漠化和重度石漠化面积增加，轻度石漠化、中度石漠化面积减少，但不同等级喀斯特石漠化的变化幅度不同。相比之下，完全修复情景结果显示，无石漠化等级面积明显增长，其他喀斯特石漠化等级面积减少，尤其是重度石漠化等级的面积也有所减少。

表 8-6 不同情景设计下长顺县 2010～2030 年石漠化面积变化比较

石漠化等级	基线（2010 年）	历史演化情景（2030 年）		重点治理情景（2030 年）		完全修复情景（2030 年）	
	面积/km²	面积/km²	变化率/%	面积/km²	变化率/%	面积/km²	变化率/%
无石漠化	887.9	965.4	8.7	1007.5	13.5	1035.4	16.6
潜在石漠化	306.0	314.8	2.9	313.0	2.3	301.3	−1.5
轻度石漠化	172.7	119.6	−30.7	97.3	−43.7	92.2	−46.6
中度石漠化	99.4	61.3	−38.3	46.7	−53.0	45.8	−53.9
重度石漠化	50.6	55.5	9.7	52.1	3.0	41.9	−17.2

三种未来石漠化演替情景下，无石漠化等级的面积从 887.9km² 分别增加到 965.4km²、1007.5km² 和 1035.4km²，增长率分别为 8.7%、13.5% 和 16.6%。增加的区域主要来自轻度和中度石漠化的分布区域（图 8-6）。随着喀斯特石漠化恢复和治理工程投入的增加，越来越多受喀斯特石漠化影响的地区被恢复，转换到无石漠化状态，因此，2010～2030 年，无石漠化面积呈增长趋势。

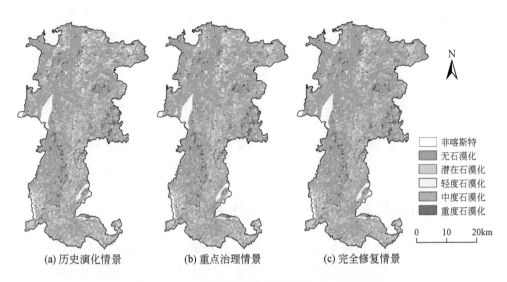

	非喀斯特
	无石漠化
	潜在石漠化
	轻度石漠化
	中度石漠化
	重度石漠化

(a) 历史演化情景　　　　(b) 重点治理情景　　　　(c) 完全修复情景

图 8-6　2030 年不同情景喀斯特石漠化空间分布

历史演化情景和重点治理情景下，潜在石漠化等级面积从 2010 年的 306.0km² 分别增加到 2030 年的 314.8km² 和 313.0km²，净增长率分别为 2.9% 和 2.3%。主要由于不同等级喀斯特石漠化之间的内部转换。2010~2030 年，其他喀斯特石漠化等级向潜在石漠化等级转化的面积大于潜在石漠化等级向无石漠化等级转化的面积，使得潜在石漠化等级的面积出现净增加（图 8-6）。在局部区域，轻度石漠化、中度石漠化和重度石漠化等级均有部分转化为潜在石漠化。只有在完全修复情景下，潜在石漠化面积从 306.0km² 减少到 301.3km²，主要是更多的潜在石漠化等级区域转变为无石漠化等级。

三种情景下，轻度石漠化和中度石漠化表现出相同的下降趋势，且有很大的净面积变化。结合特定的恢复策略，在重点治理情景和完全修复情景下，轻度和中度石漠化等级面积的变化率高于历史演化情景（表 8-6）。2010~2030 年，在三种情景下，轻度石漠化的总面积从 172.7km² 分别变为 119.6km²、97.3km² 和 92.2km²，中度石漠化面积从 99.4km² 分别变为 61.3km²、46.7km² 和 45.8km²。2010~2030 年，在完全修复情景下，中度石漠化面积减少一半以上，变化率最大（53.9%）。轻度石漠化和中度石漠化的多数区域转变为无石漠化和潜在石漠化，部分区域转化为重度石漠化（图 8-6）。

在历史演化情景和重点治理情景下，重度石漠化面积分别从 50.6km² 分别增加到 55.5km² 和 52.1km²。对比发现，喀斯特石漠化演替主要发生在重度石漠化和其他石漠化等级之间。尽管受重度石漠化威胁的部分区域被恢复为无石漠化和潜在石漠化等较低等级的石漠化等级，但同时，其他等级喀斯特石漠化也会加剧转为重度石漠化等级（图8-6）。与历史演化情景相比，重点治理情景的潜在石漠化、轻度石漠化和中度石漠化面积转化为重度石漠化面积较少。完全修复情景则显示重度石漠化面积减少 8.7km²，下降比例为 17.2%，主要分布在凯佐乡和广顺镇。有少量的轻度石漠化转变为重度石漠化，但同时有大面积的重度石漠化被恢复到无石漠化和潜在石漠化等级。

8.4　石漠化动态模拟模型优缺点及应用前景

8.4.1　石漠化动态模拟模型的优势

本研究中提出的石漠化动态模拟模型——SDKRD 模型的新颖之处在于将自上而下和自下而上的方法相结合，有助于更好刻画喀斯特石漠化演替过程并提高石漠化模拟的精度。首先，"全局分析和设计"模块可以根据喀斯特石漠化演替的历史推断和不同喀斯特石漠化恢复重点和策略的设置，对未来不同喀斯特石漠化等级的面积进行全局非空间估计（Chen et al.，2012；Qi et al.，2013）。其次，"局部挖掘和量化"模块可以量化喀斯特石漠化转变潜力与驱动力之间的空间变化关系以及不同等级喀斯特石漠化的邻域效应。与先前的研究相比，这些刻画的因素有助于探索更多与喀斯特石漠化演替过程相关的空间细节信息（李玲和麦雄发，2009；张学锋等，2012；马士彬等，2015；张勇荣等，2015）。

有效量化驱动力对喀斯特石漠化的影响，对模型模拟精度的提升具有重要意义（Xu et al.，2016）。驱动力及其相互效应导致喀斯特石漠化呈现复杂的演化过程（Hu et al.，2004；Huang and Cai，2007；Xiong et al.，2009；Bai et al.，2013；Xu and Zhang，2014），GWLR 模型在空间上揭示了不同驱动因素和喀斯特石漠化之间的关系是变化的，而不是恒定不变的（附图1-1～附图1-5）。因此，本研究中提出的 SDKRD 模型可以量化喀斯特石漠化演替过程的空间信息，提高模型模拟性能和精度。

充分认识变化过程的空间模式有助于提高系统动态模拟的精度。景观扩张可能呈现出不同的空间格局，往往特定时间新扩张的区域与前一时间的景观分布格局存在不同的空间关系（Forman，1995；Wilson et al.，2003）。例如，有新扩张区域沿着原有位置向其边缘位置扩张蔓延的边缘扩张模式，也有新扩张区域远离原有位置的飞地扩张模式。不同的空间景观扩张模式将影响其空间动力学过程和分布格局，最终影响模型模拟结果和空间分布的准确度（Liu et al.，2014a）。通过生成各喀斯特石漠化等级的等距离缓冲区带，计算各距离范围内相应喀斯特石漠化等级的新增面积比例（表8-7）。结果发现，越接近原喀斯特石漠化等级分布区域，相应喀斯特石漠化等级的新增面积越大。这表明受喀斯特石漠化演替过程影响，邻域喀斯特石漠化容易相互联结并向外蔓延。比较是否引入的邻域效应度量的模拟结果也表明，引入邻域效应的 Kappa 系数值高于传统不引入邻域效应的结果，证明邻域效应在喀斯特石漠化演替中起关键作用，这与城市扩张和物种扩张过程是类似的（White and Engelen，2000；Hagoort et al.，2008；Yackulic et al.，2012）。

表8-7　不同石漠化等级新增面积与原始范围的距离关系

距离/m	面积比例/%				
	无石漠化	潜在石漠化	轻度石漠化	中度石漠化	重度石漠化
100	74.01	32.21	29.74	40.84	24.31
200	16.99	19.01	19.30	15.89	8.40
300	6.49	19.01	18.78	13.72	7.92
400	1.73	11.64	12.36	8.98	5.37
500	0.63	9.00	8.61	6.46	6.48
600	0.09	3.78	4.32	3.19	5.58
700	0.03	2.19	2.68	2.07	5.37
800	0.02	1.45	1.79	2.50	4.37
900	0	0.7	1.03	1.91	5.34
1000	0	0.38	0.78	1.24	5.58
>1000	0.01	0.63	0.61	3.2	21.28

8.4.2　石漠化动态模拟模型的不足

值得注意的是，该模型在某些突变区域模拟效果还没有足够高的灵敏度，主要是因为人为干扰（Wu et al.，2011）导致喀斯特石漠化等级发生跃变（即无石漠化到重度石漠化）的区域难以被模型所预测。该模型可以有效预测区域的石漠化演替趋势，但跃变型的喀斯特石漠化转化类型预测存在一定的偏差，主要由于人类活动强度较高的空间异质性难以准确测度和预测（Reynolds and Stafford，2002；Wang et al.，2006），且缺乏直接定量刻画人类活动细节信息的有效方法。根据以前相关研究的结果（Liu et al.，2008；Yang et al.，2011；Xu and Zhang，2014），本研究只能选取人口密度、GDP、土地利用强度、与道路的距离和与居民点的距离等来刻画人类活动，难以完全量化人类活动的影响。另外，情景设置中如缺乏有关植被恢复和喀斯特石漠化治理工程回归效应的详细信息可能导致不确定性。实地研究发现，植被变化对喀斯特石漠化恢复措施的响应具有复杂影响（Liu and Liu，2012）。因此，可检测实地调查和石漠化治理工程的恢复效果，并补充到模型设计中。此外，可测试模拟植被覆盖动态和植被群落演替的模型，并将其纳入模型（Helldén，2008；Rasmy et al.，2010）。

8.4.3 石漠化动态模拟模型的应用前景

了解不同驱动力是如何影响喀斯特石漠化演替，有助于我们准确刻画和模拟喀斯特石漠化空间演化过程。通过模型构建可以帮助我们分析喀斯特石漠化扩张和恢复的空间分布位置，支撑喀斯特石漠化恢复和治理策略的制定。为了提高喀斯特石漠化动态模拟的准确性，本研究提出了石漠化动态模拟模型——SDKRD模型，构建自上而下和自下而上相耦合的方法来研究喀斯特石漠化的演替过程。该模型通过进行全局预测和局部信息挖掘以提高模拟的精度，应用马尔可夫链模型和多情景设置来量化和预测喀斯特石漠化恢复工程的全局效应，利用 GWLR模型，构建邻域转换参数，探索喀斯特石漠化内部演化的局部空间信息。SDKRD模型包括三个模块：①全局分析和设计；②局部挖掘和量化；③空间分配和聚合。第一个模块基于具有马尔可夫链模型和多情景设置，估计非空间化的全局喀斯特石漠化演替；第二个模块使用 GWLR 模型预测影响喀斯特石漠化驱动力的空间变化关系及不同喀斯特石漠化等级演化的邻域效应；第三个模块将全局预测的石漠化面积根据局部信息和迭代过程分配都每个栅格单元。

以长顺县为例，本研究验证了该模型 2000～2010 年喀斯特石漠化演替模拟的准确性，并模拟了 2010～2030 年的喀斯特石漠化空间演化。SDKRD 模型通过一系列的参数计算、参数校准、迭代过程、输出验证和性能评估，计算三个关键变量，即石漠化的发生概率 $[P_{E,d}(u_i, v_i)]$、邻域转换概率 $[P'_{N,d}(u_i, v_i)]$ 和迭代参数 $[P_{I,d}(u_i, v_i)]$，并最终运转模型，进行喀斯特石漠化演替模拟。结果发现，2010 年研究区石漠化的模拟结果与目视解译结果之间存在较好的空间一致性；利用统计度量指标进行验证，其中 Kappa 系数为 0.78，总体准确度为86.4%；不同等级石漠化的修正的 Lee and Sallee 度量值皆高于 0.6，皆达到较好的精度标准。引入邻域效应的 SDKRD 模型模拟结果的 Kappa 系数（0.78）高于未引入邻域效应的传统模拟结果 Kappa 系数（0.61）。历史演化情景、重点治理情景和完全修复情景 3 个情景的喀斯特石漠化模拟结果可视化地展示了多情景的喀斯特石漠化演替过程，并比较不同等级喀斯特石漠化的相互转换过程。历史演化情景预测认为 2010～2030 年整个研究区域的喀斯特石漠化将呈现总体恢复但局部恶化的空间分布格局。重点治理情景与历史演化情景的模拟结果变化趋势一致，但不同等级石漠化的变化幅度不同。相比之下，完全修复情景下，无石漠化等级面积呈现最显著的增长，而发生喀斯特石漠化的区域面积都减少。本研究建议以三种情景下不同区域的喀斯特石漠化转换趋势差异作为参考依据，制定和实施差别化的石漠化恢复策略。本研究结果验证了 SDKRD 模型的有效性及在不同区域实施差别化喀斯特石漠化恢复策略的重要性。在未来的研究中，可以对上述石漠化动态模拟模型的不确定性和局限性进行改进和提高。

本研究设置了三种未来石漠化演替情景，模拟长顺县 2010～2030 年的喀斯特石漠化空间变化（表 8-6 和图 8-6）。多情景模拟的结果可为评估不同喀斯特石漠化恢复策略下潜在石漠化演替提供有效的支撑信息。历史演化情景的模拟结果揭示了在没有其他特殊喀斯特石漠化管理措施的情况下，研究区域喀斯特石漠化的恢复和恶化将相互发生。这与大多数喀斯特地区一致，也警惕我们需要实施更有效的喀斯特石漠化管理措施，以有效遏制石漠化（熊康宁和陈起伟，2010；程洋等，2012；Zhang et al.，2015）。在重点治理情景下，喀斯特石漠化恢复的空间范围扩大，并且重度石漠化等级的增加速率降低。完全修复情景结果则显示，若治理得当，无石漠化等级的面积可大幅增长，而其他发生喀斯特石漠化的面积都将减少。除重度石漠化外，重点治理情景和完全修复情景对喀斯特石漠化恢复的模拟结果相似，但完全修复情景下石漠化恢复必须付出更高的成本。这证实了重点治理情景下特定策略的有效性和经济效率（Bai et al.，2013；陈起伟等，2013）。

目前，喀斯特石漠化管理策略是按照小流域进行差异化的综合治理和恢复（Chen et al.，2012）。多情景石漠化模拟将喀斯特石漠化演替过程和内部喀斯特石漠化相互转换过程进行可视化表达，有助于检测每个空间位置的喀斯特石漠化变化轨迹，为差别化的石漠化治理提供决策依据。该模型可视化地展示喀斯特石漠化的演化过程，既包括喀斯特石漠化恢复的空间分布，也包括石漠化等级保持不变或可能出现恶化的具体范围。2010～2030 年，不同情景的模拟结果中，某一区域石漠化若是将转变为更严重的石漠化等级，在喀斯特石漠化恢复治理中则必须得到重点关注。比较这三种模拟情景结果，本研究认为如受重度石漠化影响的地区无法被恢复到其他类别，那么这些区域的石漠化治理难度可能很大，则该区域喀斯特石漠化恢复治理将不会是首要任务。若三种情景模拟结果不同，如在完全修复情景中某些区域从重度石漠化转变为无石漠化或潜在石漠化，但在其他情景中保持不变，则可建议在该地区应重点进行喀斯特石漠化恢复治理。因此，应用 SDKRD 模型进行不同的恢复策略多情景模拟，可预测和比较每个空间位置不同喀斯特石漠化变换趋势。相关结果有助于针对性地进行喀斯特石漠化恢复的合理规划和差异化治理，从而促进区域社会经济发展。

参 考 文 献

白晓永，熊康宁，李阳兵，等.2006. 喀斯特山区不同强度石漠化与人口因素空间差异性的定
　　量研究. 山地学报, 24（2）：242-248.

白晓永，熊康宁，苏孝良，等.2005. 喀斯特石漠化景观及其土地生态效应：以贵州贞丰县为
　　例. 中国岩溶, 24（4）：276-281.

蔡运龙.1996. 中国西南岩溶石山贫困地区的生态重建. 地球科学进展, 11（6）：602-606.

曹建华，袁道先，童立强.2008. 中国西南岩溶生态系统特征与石漠化综合治理对策. 草业科
　　学, 25（9）：40-50.

曹永强，刘明阳.2019. 基于 CiteSpaceV 的国内生态工程研究文献可视化分析. 生态学报,
　　39（11）：4190-4199.

陈起伟，兰安军，熊康宁，等.2003. 贵州师范大学学报（自然科学版）, 11（4）：82-87.

陈起伟，熊康宁，兰安军，等.2013. 生态工程治理下贵州喀斯特石漠化的演变. 贵州农业科
　　学, 41（7）：195-199.

陈伟杰，熊康宁，任晓冬，等.2010. 岩溶地区石漠化综合治理的固碳增汇效应研究——基于
　　实地监测数据的分析. 中国岩溶, 29（3）：229-238.

陈燕丽，莫伟华，莫建飞，等.2014. 不同等级石漠化区 MODIS-NDVI 与 MODIS-EVI 对比分
　　析. 遥感技术与应用,（6）：943-948.

程洋，陈建平，皇甫江云，等.2012. 基于 RS 和 GIS 的岩溶石漠化恶化趋势定量预测——以广
　　西都安瑶族自治县典型岩溶石漠化地区为例. 国土资源遥感, 94（3）：135-139.

邓家富.2014. 黔西南州石漠化治理的主要做法及成功模式. 中国水土保持, 34（1）：4-7.

谷晓平，于飞，刘云慧，等.2011. 降雨因子对喀斯特石漠化发生发展的影响研究. 水土保持
　　通报, 31（3）：66-70.

韩昭庆，杨士超.2011. 贵州民国档案中所见"疑似石漠化"与今日石漠化分布状况的比较研
　　究. 中国历史地理论丛, 26（1）：32-40.

韩昭庆.2006. 雍正王朝在贵州的开发对贵州石漠化的影响. 复旦学报（社会科学版），
　　（2）：120-127, 140.

胡宝清，廖赤眉，严志强，等.2004. 基于 RS 和 GIS 的喀斯特石漠化驱动机制分析——以广西
　　都安瑶族自治县为例. 山地学报, 22（5）：583-590.

胡顺光，张增祥，夏奎菊.2010. 遥感石漠化信息的提取. 地球信息科学学报, 12（6）：
　　870-879.

黄金国，魏兴琥，王兮之，等.2014. 石漠化对粤北岩溶山区农村经济发展的影响及防治对策.
　　佛山科学技术学院学报（自然科学版）, 32（2）：1-5.

黄晓军，王博，刘萌萌，等.2019.社会-生态系统恢复力研究进展——基于 CiteSpace 的文献计量分析.生态学报，39（8）：3007-3017.

靖娟利，王永锋.2015.基于 MODIS NDVI 的广西喀斯特石漠化演变特征.水土保持研究，22（2）：123-128.

李杰，陈超美.2017.CiteSpace：科技文本挖掘及可视化.北京：首都经济贸易大学出版社.

李玲，麦雄发.2009.基于 CA-ANN 喀斯特石漠化时空格局的动态模拟和预测.广西师范学院学报（自然科学版），26（1）：84-89.

李明秀.2004.城镇化：遏止贵州石漠化扩张的新思路.贵州师范大学学报（社会科学版），1（1）：29-33.

李瑞玲，王世杰，周德全，等.2003.贵州岩溶地区岩性与土地石漠化的相关分析.地理学报，58（2）：314-320.

李瑞玲，王世杰，熊康宁，等.2006.贵州省岩溶地区坡度与土地石漠化空间相关分析.水土保持通报，26（4）：82-86.

李森，王金华，王兮之，等.2009.30a 来粤北山区土地石漠化演变过程及其驱动力——以英德、阳山、乳源、连州四县（市）为例.自然资源学报，24（5）：816-826.

李阳兵，王世杰，容丽.2003.关于中国西南石漠化的若干问题.长江流域资源与环境，12（6）：593-598.

李阳兵，王世杰，容丽.2004.关于喀斯特石漠和石漠化概念的讨论.中国沙漠，24（6）：689-695.

李阳兵，王世杰，周梦维，等.2009.不同空间尺度下喀斯特石漠化与坡度的关系.水土保持研究，16（5）：70-77.

李阳兵，罗光杰，邵景安，等.2013.岩溶山地聚落人口空间分布与演化模式.地理学报，67（12）：1666-1674.

李阳兵，罗光杰，白晓永，等.2014.典型峰丛洼地耕地、聚落及其与喀斯特石漠化的相互关系：案例研究.生态学报，34（9）：2195-2207.

刘洪利，朱文琴，宜树华，等.2003.中国地区云的气候特征分析.气象学报，61（4）：466-473.

刘彦随，邓旭升，胡业翠.2006.广西喀斯特山区土地石漠化与扶贫开发探析.山地学报，24（2）：228-233.

刘耀彬，李仁东，宋学锋.2005.中国城市化与生态环境耦合度分析.自然资源学报，20（1）：105-112.

马丽，金凤君，刘毅.2012.中国经济与环境污染耦合度格局及工业结构解析.地理学报，67（10）：1299-1307.

马士彬，张勇荣，安裕伦，等.2015.基于 Logistic-CA-Markov 模型的石漠化空间变化规律研究.中国岩溶，34（6）：591-598.

聂建亮，武建军，杨曦，等.2011.基于地表温度-植被指数关系的地表温度降尺度方法研究.生态学报，31（17）：4961-4969.

秦晓楠，卢小丽，武春友.2014.国内生态安全研究知识图谱——基于 Citespace 的计量分析.

生态学报, 34 (13): 3693-3703.

单洋天. 2006. 我国西南岩溶石漠化及其地质影响因素分析. 中国岩溶, 25 (2): 163-167.

盛茂银, 刘洋, 熊康宁. 2013. 中国南方喀斯特石漠化演替过程中土壤理化性质的响应. 生态学报, 33 (19): 6303-6313.

苏维词, 周济祚. 1995. 贵州喀斯特山地的"石漠化"及防治对策. 长江流域资源与环境, 4 (2): 177-182.

苏维词. 2002. 中国西南岩溶山区石漠化的现状成因及治理的优化模式. 水土保持学报, 16 (2): 29-32, 79.

孙凡, 徐圣旺, 姚小华. 2012. 黔中典型喀斯特地区季节性石漠化动态研究. 西南大学学报 (自然科学版), 34 (2): 9-16.

覃勇荣, 蓝崇钰, 束文圣, 等. 2007. 广西石灰岩植被破坏造成的石漠化问题. 热带林业, 35 (S1): 48-51.

谭成江, 冉景丞, 莫家伟, 等. 2011. 茂兰保护区石漠化现状, 成因及治理对策. 山地农业生物学报, 30 (5): 440-442.

谭晋, 容丽, 熊康宁. 2013. 石漠化等级与植被碳储量的相关性研究: 以顶坛小流域为例. 贵州师范大学学报 (自然科学版), 31 (3): 88-91, 108.

王世杰. 2002. 喀斯特石漠化概念演绎及其科学内涵的探讨. 中国岩溶, 21 (2): 101-105.

王世杰. 2003. 喀斯特石漠化: 中国西南最严重的生态地质环境问题. 矿物岩石地球化学通报, 2 (2): 120-126.

王世杰, 李阳兵, 李瑞玲. 2003. 喀斯特石漠化的形成背景、演化与治理. 第四纪研究, 23 (6): 657-666.

王晓燕. 2010. 喀斯特山区石漠化综合治理. 中国农业资源与区划, 31 (4): 76-80.

王月容, 卢琦, 周金星, 等. 2012. 喀斯特山区不同石漠化等级下土壤养分贮量与价值评估——以乌箐、偏岩等岩溶小流域为例. 中国岩溶, 31 (1): 40-45.

谢伶, 王金伟, 吕杰华. 2019. 国际黑色旅游研究的知识图谱: 基于 CiteSpace 的计量分析. 资源科学, 41 (3): 454-466.

熊康宁, 陈起伟. 2010. 基于生态综合治理的石漠化演变规律与趋势讨论. 中国岩溶, 29 (3): 267-273.

熊平生, 袁道先, 谢世友. 2010. 我国南方岩溶山区石漠化基本问题研究进展. 中国岩溶, 29 (4): 355-362.

许尔琪. 2017. 基于地理加权回归的石漠化影响因子分布研究. 资源科学, 39 (10): 1975-1988.

许尔琪, 张红旗. 2016. 喀斯特山地土地利用变化的垂直分布特征. 中国生态农业学报, 24 (12): 1693-1702.

闫利会, 周忠发, 喻琴. 2009. 基于神经网络和遥感光谱特征的石漠化分类方法——以贵州省毕节市鸭池石桥小流域为例. 现代地理科学与贵州社会经济会议.

杨青青, 王克林, 陈洪松, 等. 2009a. 地质地貌因素对喀斯特石漠化的影响——以广西大化县为例. 山地学报, 27 (3): 311-318.

杨青青, 王克林, 岳跃民. 2009b. 桂西北石漠化空间分布及尺度差异. 生态学报, 29 (7): 3629-3640.

杨胜天, 朱启疆. 2000. 贵州典型喀斯特环境退化与自然恢复速率. 地理学报, 67 (4): 459-466.

喻琴. 2009. 基于决策树模型的喀斯特石漠化光谱信息自动提取研究. 贵州: 贵州师范大学.

袁道先, 蔡桂鸿. 1988. 岩溶环境学. 重庆: 重庆出版社.

袁道先. 2008. 岩溶石漠化问题的全球视野和我国的治理对策与经验. 草业科学, 25 (9): 19-25.

岳跃民, 王克林, 张兵, 等. 2011. 喀斯特石漠化信息遥感提取的不确定性. 地球科学进展, 26 (3): 266-274.

张灿灿, 孙才志. 2018. 基于 CiteSpace 的水足迹文献计量分析. 生态学报, 38 (11): 4064-4076.

张殿发, 王世杰, 周德全, 等. 2001. 贵州省喀斯特地区土地石漠化的内动力作用机制. 水土保持通报, 21 (4): 1-5.

张斯屿, 白晓永, 王世杰, 等. 2014. 基于 InVEST 模型的典型石漠化地区生态系统服务评估——以晴隆县为例. 地球环境学报, 5 (5): 328-338.

张信宝, 王世杰, 白晓永, 等. 2013. 贵州石漠化空间分布与喀斯特地貌、岩性、降水和人口密度的关系. 地球与环境, 41 (1): 1-6.

张学锋, 余利, 田涛, 等. 2012. 喀斯特石漠化演化预测 CA 模型. 计算机工程与应用, 48 (31): 229-231, 248.

张勇荣, 周忠发, 马士彬, 等. 2015. 基于 Markov 的石漠化景观演变特征分析与预测. 长江科学院院报, 32 (1): 52-56, 69.

赵东, 林昌虎, 何腾兵. 2006. 人类活动对贵州喀斯特山区石漠化的影响以及对策. 贵州科学, 24 (4): 49-53.

中华人民共和国国家地图集编纂委员会. 1999. 中华人民共和国国家自然地图集. 北京: 中国地图出版社.

周忠发. 2001. 遥感和 GIS 技术在贵州喀斯特地区土地石漠化研究中的应用. 水土保持通报, 21 (3): 52-54, 66.

祝薇, 向雪琴, 侯丽朋, 等. 2018. 基于 Citespace 软件的生态风险知识图谱分析. 生态学报, 38 (12): 4504-4515.

Bai X Y, Wang S J, Xiong K N. 2013. Assessing spatial-temporal evolution processes of karst rocky desertification land: Indications for restoration strategies. Land Degradation & Development, 24 (1): 47-56.

Blaschke T. 2010. Object based image analysis for remote sensing. ISPRS Journal of Photogrammetry and Remote Sensing, 65 (1): 2-16.

Bruce V, Green P R, Georgeson M A. 2003. Visual perception: Physiology, psychology, & ecology. Hove: Psychology Press.

Brunsdon C, Fotheringham A S, Charlton M E. 1996. Geographically weighted regression: A method for exploring spatial nonstationarity. Geographical Analysis, 28 (4): 281-298.

Burges C J C. 1998. A tutorial on support vector machines for pattern recognition. Data Mining and Knowledge Discovery, 2 (2): 121-167.

Cai H, Yang X, Wang K, et al. 2014. Is forest restoration in the southwest China karst promoted mainly by climate change or human-induced factors? Remote Sensing, 6 (10): 9895-9910.

Campbell J B. 2002. Introduction to Remote Sensing. 3rd ed. New York: Guilford Press.

Cao F, Ge Y, Wang J F. 2013. Optimal discretization for geographical detectors-based risk assessment. Mapping Sciences & Remote Sensing, 50 (1): 78-92.

Cao L, Zhang K, Dai H, et al. 2015. Modeling interrill erosion on unpaved roads in the loess plateau of China. Land Degradation & Development, 26 (8): 825-832.

Cerdà A. 2007. Soil water erosion on road embankments in eastern Spain. Science of the Total Environment, 378 (1-2): 151-155.

Chang C C, Lin C J. 2011. LIBSVM: a library for support vector machines. ACM Transactions on Intelligent Systems and Technology, 2 (3): 2721-2727.

Charreire H, Casey R, Salze P, et al. 2010. Measuring the food environment using geographical information systems: a methodological review. Public health nutrition, 13 (11): 1773.

Chen H X, Wang J H. 2010. Investigation and research on karst rocky desertification area based on TM data. Journal of Meteorological Research and Application, 31 (3): 41-43.

Chen R S, Ye C, Cai Y L, et al. 2012. Integrated restoration of small watershed in Karst regions of southwest China. Ambio, 41 (8): 907-912.

Cheng B, Lv Y, Zhan Y, et al. 2015. Constructing China's roads as works of art: A case study of "esthetic greenway" construction in the Shennongjia region of China. Land Degradation & Development, 26 (4): 324-330.

Cheng J, Lee X, Theng B K, et al. 2015. Biomass accumulation and carbon sequestration in an age-sequence of Zanthoxylum bungeanum plantations under the Grain for Green Program in karst regions, Guizhou Province. Agricultural and Forest Meteorology, 203: 88-95.

Chopard B, Droz M. 1998. Cellular Automaton Modeling of Physical Systems. Cambridge: Cambridge University Press.

Clarke K C, Gaydos L J. 1998. Loose-coupling a cellular automaton model and GIS: Long-term urban growth prediction for San Francisco and Washington/Baltimore. International Journal of Geographical Information Systems, 12 (7): 699-714.

Congalton R G. 1991. A review of assessing the accuracy of classifications of remotely sensed data. Remote Sensing of Environment, 37 (2): 35-46.

Deng X Z, Huang J K, Huang Q Q, et al. 2011. Do roads lead to grassland degradation or restoration? A case study in Inner Mongolia, China. Environment and Development Economics, 16 (6): 751-773.

Drăguţ L, Tiede D, Levick S R. 2010. ESP: A tool to estimate scale parameter for multiresolution image segmentation of remotely sensed data. International Journal of Geographical Information

Science, 24: 859-871.

Durieux L, Lagabrielle E, Nelson A. 2008. A method for monitoring building construction in urban sprawl areas using object-based analysis of Spot 5 images and existing GIS data. ISPRS Journal of Photogrammetry and Remote Sensing, 63: 399-408.

ESRI. 2001. Advanced GIS Spatial Analysis Using Raster and Vector Data. New York: Environmental System Research Institute.

Fanelli G, Piraino S, Belmonte G, et al. 1994. Human predation along Apulian rocky coasts (SE Italy): desertification caused by Lithophaga lithophaga (Mollusca) fisheries. Marine Ecology Progress, 110 (1): 1-8.

Feature Extraction Module. 2008. ENVI Feature Extraction Module User's Guide. Colorado: TT Visual Information Solutions.

Febles-González J, Vega-Carreño M, Tolón-Becerra A, et al. 2012. Assessment of soil erosion in karst regions of Havana, Cuba. Land Degradation & Development, 23 (5): 465-474.

FLAASH Module. 2009. ENVI Atmospheric correction module: QUAC and FLAASH user's guide. Colorado: TT Visual Information Solutions.

Ford D, Williams P D. 2013. Karst Hydrogeology and Geomorphology. New Jersey: John Wiley & Sons.

Forman R T T, Deblinger R D. 2001. The ecological road-effect zone of a Massachusetts (USA) suburban highway. Conservation biology, 14 (1): 36-46.

Forman R T. 1995. Land Mosaics: the Ecology of Landscapes and Regions. Cambridge: Cambridge University Press.

Fotheringham A S, Brunsdon C, Charlton M. 2003. Geographically Weighted Regression: The Analysis of Spatially Varying Relationships. Chichester: Wiley.

Gamanya R, de Maeyer P, de Dapper M. 2009. Object-oriented change detection for the city of Harare, Zimbabwe. Expert Systems with Applications, 36 (1): 571-588.

Gams I. 1993. Origin of the term "karst," and the transformation of the classical karst (kras). Environmental Geology, 21 (3): 110-114.

Gilks W R, Richardson S, Spiegelhalter D. 1995. Markov Chain Monte Carlo in Practice. London: Chapman & Hall.

Goodchild M, Haining R, Stephen W. 1992. Integrating GIS and spatial data analysis: Problems and possibilities. International Journal of Geographical Information Systems, 6 (5): 407-423.

Grove A T. 1986. Desertification in southern Europe. Climatic Change, 9 (1): 49-57.

Hagoort M, Geertman S, Ottens H. 2008. Spatial externalities, neighbourhood rules and CA land-use modelling. Annals of Regional Science, 42 (1): 39-56.

Helldén U. 2008. A coupled human-environment model for desertification simulation and impact studies. Global and Planetary Change, 64 (3/4): 158-168.

Hollingsworth E. 2009. Karst Regions of the World (KROW) —Populating global karst datasets and generating maps to advance the understanding of karst occurrence and protection of karst species and habitats worldwide, University of Arkansas.

Hu B Q, Liao C M, Yan Z Q, et al. 2004. Design and application of dynamic monitoring and visualization management information system of karst land rocky desertification. Chinese Geographical Science, 14 (2): 122-128.

Hu Y, Wang J F, Li X H, et al. 2011. Geographical Detector-Based Risk Assessment of the Under-Five Mortality in the 2008 Wenchuan Earthquake, China. PloS One, 6 (6): e21427.

Huang C, Davis L, Townshend J. 2002. An assessment of support vector machines for land cover classification. International Journal of Remote Sensing, 23 (4): 725-749.

Huang Q H, Cai Y L. 2007. Spatial pattern of karst rock desertification in the middle of Guizhou Province, Southwestern China. Environmental Geology, 52 (7): 1325-1330.

Huang Y Q, Zhao P, Zhang Z F, et al. 2009. Transpiration of Cyclobalanopsis glauca (syn. *Quercus glauca*) stand measured by sap-flow method in a karst rocky terrain during dry season. Scientia Horticulturae, 4 (24): 791-801.

Ivits E, Koch B, Blaschke T, et al. 2005. Landscape structure assessment with image grey-values and object-based classification at three spatial resolutions. International Journal of Remote Sensing, 26 (14): 2975-2993.

Jantz C A, Goetz S J, Shelley M K, et al. 2017. Using the SLEUTH urban growth model to simulate the impacts of future policy scenarios on urban land use in the Tehran metropolitan area in Iran. Environment and Planning B: Planning and Design, 31 (2): 251-271.

Jiang Y, Li L, Groves C, et al. 2009. Relationships between rocky desertification and spatial pattern of land use in typical karst area, Southwest China. Environmental Earth Sciences, 59 (4): 881-890.

Jiang Z C, Lian Y Q, Qin X Q. 2014. Rocky desertification in Southwest China: Impacts, causes, and restoration. Earth-Science Reviews, 132 (3): 1-12.

Jimenez M, Ruiz-Capillas P, Mola I, et al. 2013. Soil development at the roadside: A case study of a novel ecosystem. Land Degradation & Development, 24 (6): 564-574.

Kaastra I, Boyd M. 1996. Designing a neural network for forecasting financial and economic time series. Neurocomputing, 10 (3), 215-236.

Kim M, Madden M, Warner T. 2008. Estimation of optimal image object size for the segmentation of forest stands with multispectral IKONOS imagery//Blaschke T, Lang S, Hay G J. Object-Based Image Analysis, Spatial Concepts for Knowledge-Driven Remote Sensing Applications. Springer Berlin Heidelberg: 291-307.

Kloog I, Haim A, Portnov B A. 2009. Using kernel density function as an urban analysis tool: investigating the association between nightlight exposure and the incidence of breast cancer in Haifa, Israel. Computers, Environment and Urban Systems, 33 (1): 55-63.

Kuusk A. 1995. A markov-chain model of canopy reflectance. Agricultural & Forest Meteorology, 76 (3/4): 221-236.

Lan A J, Xiong K N. 2001. Analysis on driving factors of karst rock-desertification—with a special reference to Guizhou Province. Bulletin of Soil and Water Conservation, 21 (6): 19-23.

Lee J W, Park C M, Rhee H. 2013. Revegetation of decomposed granite roadcuts in Korea: Developing digger, evaluating cost effectiveness, and determining dimensions of drilling holes, revegetation species, and mulching treatment. Land Degradation & Development, 24 (6): 591-604.

Li L F, Wang J F, Cao Z D, et al. 2008. An information-fusion method to identify pattern of spatial heterogeneity for improving the accuracy of estimation. Stochastic Environmental Research and Risk Assessment (SERRA), 22 (6): 689-704.

Li L F, Wang J F, Leung H, et al. 2012. A Bayesian method to mine spatial datasets to evaluate the vulnerability of human beings to catastrophic risk. Risk Analysis, 32 (6): 1072-1092.

Li X W, Xie Y F, Wang J F, et al. 2013. Influence of planting patterns on fluoroquinolone residues in the soil of an intensive vegetable cultivation area in northern China. Science of the Total Environment, 458 (3): 63-69.

Li Y B, Shao J A, Yang H, et al. 2009. The relations between land use and karst rocky desertification in a typical karst area, China. Environmental Geology, 57 (3): 621-627.

Li Y B, Wang S J, Cheng A Y, et al. 2010. Assessment on spatial distribution of karst rocky desertification at different grid units. Scientia Geographica Sinica, 30 (1): 98-102.

Li Y B, Xie J, Luo G J, et al. 2015. The evolution of a Karst rocky desertification land ecosystem and its driving forces in the Houzhaihe area, China. Open Journal of Ecology, 5 (10): 501-512.

Liao J F, Tang L, Shao G F, et al. 2016. Incorporation of extended neighborhood mechanisms and its impact on urban land-use cellular automata simulations. Environmental Modelling & Software, 75: 163-175.

Liu H Y, Liu F. 2012. Recovery dynamics of vegetation and soil properties in karst rocky desertification areas in Guizhou, China. Advanced Materials Research, 518-523: 4532-4544.

Liu W, Jiao F, Ren L, et al. 2018. Coupling coordination relationship between urbanization and atmospheric environment security in Jinan City. Journal of Cleaner Production, 204: 1-11.

Liu X P, Ma L, Li X, et al. 2014a. Simulating urban growth by integrating landscape expansion index (LEI) and cellular automata. International Journal of Geographical Information Science, 28 (1): 148-163.

Liu Y S, Wang J Y, Deng X Z. 2008. Rocky land desertification and its driving forces in the karst areas of rural Guangxi, Southwest China. Journal of Mountain Science, 5 (4): 350-357.

Liu Y, Huang X, Yang H, et al. 2014b. Environmental effects of land-use/cover change caused by urbanization and policies in Southwest China Karst area: A case study of Guiyang. Habitat International, 44: 339-348.

Lucht W, Schaaf C B, Strahler A H. 2000. An algorithm for the retrieval of albedo from space using semiempirical BRDF models. IEEE Transactions on Geoscience and Remote Sensing, 38 (2): 977-998.

McCoy J, Johnston K. 2001. Using ArcGIS Spatial Analyst. California: ESRI Press.

Mick D. 2010. Human interaction with Caribbean karst landscapes: Past, present and future. Acta Carsologica, 39 (1): 137-146.

Mitri G, Gitas I. 2004. A performance evaluation of a burned area object-based classification model when applied to topographically and non-topographically corrected TM imagery. International Journal of Remote Sensing, 25 (14): 2863-2870.

Muller E, Décamps H, Dobson M K. 1993. Contribution of space remote sensing to river studies. Freshwater Biology, 29 (2): 301-312.

Munoz S R, Bangdiwala S I. 1997. Interpretation of Kappa and B statistics measures of agreement. Journal of Applied Statistics, 24 (1): 105-112.

Myint S W, Gober P, Brazel A, et al. 2011. Per-pixel vs. object-based classification of urban land cover extraction using high spatial resolution imagery. Remote Sensing of Environment, 115 (5): 1145-1161.

Myint S W, Wang L. 2006. Multi-criteria decision approach for land use land cover change using markov chain analysis and cellular automata approach. Canadian Journal of Remote Sensing, 32 (6): 390-404.

Myint S W, Yuan M, Cerveny R S, et al. 2008. Comparison of remote sensing image processing techniques to identify tornado damage areas from landsat TM data. Sensors, 8 (2): 1128-1156.

Neubert M, Herold H. 2008. Assessment of remote sensing image segmentation quality. Calgary: Proceedings GEOBIA 2008.

Neubert M, Herold H, Meinel G. 2008. Assessing image segmentation quality - concepts, methods and application. Lecture Notes in Geoinformation & Cartography: 769-784.

Parise M, Pascali V. 2003. Surface and subsurface environmental degradation in the karst of Apulia (southern Italy). Environmental Geology, 44 (3): 247-256.

Peng T, Wang S J. 2012. Effects of land use, land cover and rainfall regimes on the surface runoff and soil loss on karst slopes in southwest China. Catena, 90: 53-62.

Peng J, Xu Y Q, Zhang R, et al. 2013. Soil erosion monitoring and its implication in a limestone land suffering from rocky desertification in the Huajiang Canyon, Guizhou, Southwest China. Environmental Earth Sciences, 69 (3): 831-841.

Portnov B A, Dubnov J, Barchana M. 2009. Studying the association between air pollution and lung cancer incidence in a large metropolitan area using a kernel density function. Socio-Economic Planning Sciences; 43 (3): 141-150.

Qi X K, Wang K L, Zhang C H. 2013. Effectiveness of ecological restoration projects in a karst region of southwest China assessed using vegetation succession mapping. Ecological Engineering, 54: 245-253.

Rasmy M, Gad A, Abdelsalam H, et al. 2010. A dynamic simulation model of desertification in Egypt. The Egyptian Journal of Remote Sensing and Space Science, 13 (2): 101-111.

Remer L A, Kaufman Y, Tanré D, et al. 2005. The MODIS aerosol algorithm, products, and validation. Journal of the Atmospheric Sciences, 62 (4): 947-973.

Reynolds J F, Smith D M S, Lambin E F, et al. 2007. Global desertification: Building a science for dryland development. Science, 316 (5826): 847-851.

Reynolds J F, Stafford S M. 2002. Global Desertification: do Humans Cause Deserts? Berlin: Dahlem University Press.

Sauro U. 1993. Human impact on the karst of the Venetian Fore-Alps, Italy. Environmental Geology, 21 (3): 115-121.

Sawada M. 2004. Global spatial autocorrelation indices-Moran's I, Geary's C and the general cross-product statistic. Research paper from the Laboratory for Paleoclimatology and Climatology at the University of Ottawa. http://www. lpc. uottawa. ca/publications/moransi/moran. htm[2019-12-25].

Schaaf C B, Gao F, Strahler A H, et al. 2002. First operational BRDF, albedo nadir reflectance products from MODIS. Remote Sensing of Environment, 83 (1-2): 135-148.

Shafizadeh-Moghadam H, Helbich M. 2015. Spatiotemporal variability of urban growth factors: A global and local perspective on the megacity of MumBai. International Journal of Applied Earth Observation and Geoinformation, 35: 187-198.

Shang G W, Dai Y J, Liu B Y, et al. 2012. A soil particle-size distribution dataset for regional land and climate modelling in China. Geoderma, 171-172: 85-91.

Shi X Z, Yu D S, Warner E D, et al. 2004. Soil database of 1 : 1, 000, 000 digital soil survey and reference system of the Chinese cenetic soil classification system. Soil Survey Horizons, 45, 129-136.

Silva E A, Clarke K C. 2002. Calibration of the SLEUTH urban growth model for Lisbon and Porto, Portugal. Computers, Environment and Urban Systems, 26 (6): 525-552.

Silverman B W. 1986. Density Estimation for Statistics and Data Analysis. New York: Chapman and Hall Press.

Simpson R D, Christensen N L. 1997. Ecosystem Function and Human Activities: Reconciling Economics and Ecology. New York: Chapman & Hall.

Stuckens J, Coppin P R, Bauer ME. 2000. Integrating contextual information with per-pixel classification for improved land cover classification. Remote Sensing of Environment, 71: 282-296.

Sweeting M M. 1995. Karst in China. Berlin: Springer-Verlag.

Tong L Q. 2003. A method for extracting remote sensing information from rocky desertification areas in Southwest China. Remote Sensing For Land & Resources, 15 (4): 35-38.

Tong X W, Wang K L, Yue Y M, et al. 2017. Quantifying the effectiveness of ecological restoration projects on long-term vegetation dynamics in the karst regions of Southwest China. International Journal of Applied Earth Observation and Geoinformation, 54: 105-113.

Tormos T, Kosuth P, Durrieu S, et al. 2012. Object-based image analysis for operational fine-scale regional mapping of land cover within river corridors from multispectral imagery and thematic data. International Journal of Remote Sensing, 33 (14): 4603-4633.

Van de Voorde T, de Genst W, Canters F. 2007. Improving pixel-based VHR land-cover classifications of urban areas with post-classification techniques. Photogrammetric Engineering and Remote Sensing, 73 (9): 1017-1027.

Van Nes E H, Scheffer M. 2007. Slow recovery from perturbations as a generic indicator of a nearby catastrophic shift. The American Naturalist, 169 (6): 738-747.

Verburg P H, Soepboer W, Veldkamp A, et al. 2002. Modeling the spatial dynamics of regional land use: The CLUE-S model. Environmental Management, 30 (3): 391-405.

Walsh S J, Crawford T W, Welsh W F, et al. 2001. A multiscale analysis of LULC and NDVI variation in Nang Rong district, northeast Thailand. Agriculture, ecosystems & environment, 85 (1): 47-64.

Wang S J, Liu Q M, Zhang D F. 2004a. Karst rocky desertification in Southwestern China: Geomorphology, landuse, impact and rehabilitation. Land Degradation and Development, 15 (2): 115-121.

Wang S J, Li R L, Sun C X, et al. 2004b. How types of carbonate rock assemblages constrain the distribution of karst rocky desertified land in Guizhou Province, PR China: phenomena and mechanisms. Land Degradation & Development, 15 (2): 123-131.

Wang X M, Chen F H, Dong Z B. 2006. The relative role of climatic and human factors in desertification in semiarid China. Global Environmental Change, 16 (1): 48-57.

Wang J F, Haining R, Cao Z D. 2010a. Sample surveying to estimate the mean of a heterogeneous surface: reducing the error variance through zoning. International Journal of Geographical Information Science, 24 (4): 523-543.

Wang J F, Li X H, Christakos G, et al. 2010b. Geographical detectors-based health risk assessment and its application in the neural tube defects study of the Heshun region, China. International Journal of Geographical Information Science, 24 (1): 107-127.

White R, Engelen G. 2000. High-resolution integrated modelling of the spatial dynamics of urban and regional systems. Computers, Environment and Urban Systems, 24 (5): 383-400.

Whiteside T G, Boggs G S, Maier S W. 2011. Comparing object-based and pixel-based classifications for mapping savannas. International Journal of Applied Earth Observation & Geoinformation, 13 (6): 884-893.

Whittaker J A, Thomason M G. 1994. A Markov chain model for statistical software testing. IEEE Transactions on Software Engineering, 20 (10): 812-824.

Willhauck G, Schneider T, De Kok R, et al. 2000. Comparison of object oriented classification techniques and standard image analysis for the use of change detection between SPOT multispectral satellite images and aerial photos. Proceedings of XIX ISPRS Congress, 45: 16-22.

Williamson S N, Copland L, Hik D S. 2016. The accuracy of satellite-derived albedo for northern alpine and glaciated land covers. Polar Science, 10 (3): 262-269.

Wilson E H, Hurd J D, Civco D L, et al. 2003. Development of a geospatial model to quantify, describe and map urban growth. Remote Sensing of Environment, 86 (3): 275-285.

Wu X Q, Liu H M, Huang X L, et al. 2011. Human driving forces: Analysis of rocky desertification in karst region in Guanling County, Guizhou Province. Chinese Geographical Science, 21 (5): 600-608.

Xia X Q, Tian Q J, Du F L. 2006. Retrieval of rock-desertification degree from multi-spectral remote sensing images. Journal of Remote Sensing, 10 (4): 469-474.

Xie L W, Zhong J, Chen F F, et al. 2015. Evaluation of soil fertility in the succession of karst rocky desertification using principal component analysis. Solid Earth, 6 (2): 515-524.

Xiong Y J, Qiu G Y, Mo D K, et al. 2009. Rocky desertification and its causes in karst areas: a case study in Yongshun County, Hunan Province, China. Environmental Geology (Berlin), 57 (7): 1481-1488.

Xu D Y, Song A L, Tong H F, et al. 2016. A spatial system dynamic model for regional desertification simulation: A case study of Ordos, China. Environmental Modelling & Software, 83: 179-192.

Xu E Q, Zhang H Q, Li M X. 2013. Mining spatial information to investigate the evolution of karst rocky desertification and its human driving forces in Changshun, China. Science of the Total Environment, 458-460 (458): 419-426.

Xu E Q, Zhang H Q. 2014. Characterization and interaction of driving factors in karst rocky desertification: A case study from Changshun, China. Solid Earth, 5 (2): 1329-1340.

Xu E Q, Zhang H Q, Li M X. 2015. Object-based mapping of karst rocky desertification using a support vector machine. Land Degradation & Development, 26 (2): 158-167.

Xu E Q, Zhang H Q. 2018. A spatial simulation model for karst rocky desertification combining top-down and bottom-up approaches. Land Degradation & Development, 29 (10): 3390-3404.

Xu E Q, Wang R, Zhang H Q, et al. 2019. Coupling index of water consumption and soil fertility correlated with winter wheat production in North China Region. Ecological Indicators, 102: 154-165.

Xu Y Q, Luo D, Peng J. 2011. Land use change and soil erosion in the Maotiao River watershed of Guizhou Province. Journal of Geographical Sciences, 6: 1138-1152.

Yackulic C B, Reid J, Davis R, et al. 2012. Neighborhood and habitat effects on vital rates: expansion of the Barred Owl in the Oregon Coast Ranges. Ecology, 93 (8): 1953-1966.

Yan G, Mas J F, Maathuis B H P, et al. 2006. Comparison of pixel-based and object-oriented image classification approaches—a case study in a coal fire area, Wuda, Inner Mongolia, China. International Journal of Remote Sensing, 27 (18): 4039-4055.

Yan X, Cai Y L. 2015. Multi-scale anthropogenic driving forces of karst rocky desertification in Southwest China. Land Degradation & Development, 26 (2): 193-200.

Yang Q Q, Wang K L, Zhang C H, et al. 2011. Spatio-temporal evolution of rocky desertification and its driving forces in karst areas of Northwestern Guangxi, China. Environmental Earth Sciences, 64 (2): 383-393.

Yang Q Y, Jiang Z C, Ma Z L, et al. 2013. Relationship between karst rocky desertification and its distance to roadways in a typical karst area of Southwest China. Environmental Earth Sciences, 70 (1): 295-302.

Yang X, Zheng X Q, Lv L N. 2012. A spatiotemporal model of land use change based on ant colony optimization, Markov chain and cellular automata. Ecological Modelling, 233: 11-19.

Ying B, Xiao S Z, Xiong K N, et al. 2014. Comparative studies of the distribution characteristics of rocky desertification and land use/land cover classes in typical areas of Guizhou province, China. Environmental Earth Sciences, 71 (2): 631-645.

Yu Q, Gong P, Clinton N, et al. 2006. Object-based detailed vegetation classification with airborne high spatial resolution remote sensing imagery. Photogrammetric Engineering and Remote Sensing, 72 (7): 799-811.

Yuan D X. 1991. Karst of China. Beijing: Geological Publishing House.

Yuan D. 1997. Rock desertification in the subtropical karst of south China. Zeitschrift fur Geomorphologie, 108: 81-90.

Yue Y M, Wang K L, Zhang B, et al. 2008a. Karst rocky desertification information extraction with EO-1 hyperion data. Proceedings of SPIE - The International Society for Optical Engineering, 7285 (4): 1-7.

Yue Y M, Wang K L, Zhang W, et al. 2008b. Relationships between soil and environment in peak-cluster depression areas of karst region based on canonical correspondence analysis. Environmental Science, 29: 1400-1405.

Yue Y M, Zhang B, Wang K L, et al. 2011. Remote sensing of indicators for evaluating karst rocky desertification. Journal of Remote Sensing, 15 (4): 722-736.

Yue Y, Zhang B, Wang K, et al. 2010. Spectral indices for estimating ecological indicators of karst rocky desertification. International Journal of Remote Sensing, 31 (8): 2115-2122.

Zeng F P, Peng W X, Song T Q, et al. 2007. Changes in vegetation after 22 years′ natural restoration in the Karst disturbed area in northwestern Guangxi, China. Acta Ecologica Sinica, 27 (12): 5110-5119.

Zeng X B, Dickinson R E, Walker A, et al. 2000. Derivation and evaluation of global 1-km fractional vegetation cover data for land modeling. Journal of Applied Meteorology, 39 (6): 826-839.

Zhang P P, Hu Y M, Xiao D N, et al. 2010. Rocky desertification risk zone delineation in karst plateau area: A case study in Puding County, Guizhou Province. Chinese Geographical Science, 20 (1): 84-90.

Zhang M, Zhang C, Wang K, et al. 2011a. Spatiotemporal variation of karst ecosystem service values and its correlation with environmental factors in northwest Guangxi, China. Environmental Management, 48 (5): 933.

Zhang Y, Hu J, Xi H, et al. 2011b. Analysis of rocky desertification monitoring using MODIS data in western Guangxi, China. Advances in data, methods, models and their applications in geoscience// Chen D M. Advances in data, methods, models and their applications in geoscience. Croatia: InTech Open Press.

Zhang W, Wei X Y, Zheng J H, et al. 2012. Estimating suspended sediment loads in the Pearl River Delta region using sediment rating curves. Continental Shelf Research, 38: 35-46.

Zhang M Y, Wang K L, Liu H Y, et al. 2015. How ecological restoration alters ecosystem services: an analysis of vegetation carbon sequestration in the karst area of northwest Guangxi,

China. Environmental Earth Sciences, 74 (6): 5307-5317.

Zhen Z, Li F R, Liu Z G, et al. 2013. Geographically local modeling of occurrence, count, and volume of downwood in? Northeast China Applied Geography, 37: 114-126.

Zhou M W, Wang S J, Li Y B. 2007. Spatial factor analysis of karst rocky desertification landscape patterns in Wangjiazhai catchment, Guizhou. Geographical Research, 26 (5): 897-896.

Zhou Z F. 2001. Application of remote sensing and GIS technology for land desertification in Guizhou karst Region. Bulletin of Soil and Water Conservation, 21 (3): 52-54.

附 图

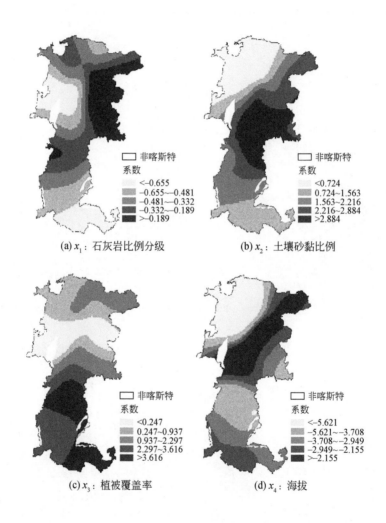

(a) x_1：石灰岩比例分级

□ 非喀斯特
系数
<-0.655
-0.655～-0.481
-0.481～-0.332
-0.332～-0.189
>-0.189

(b) x_2：土壤砂黏比例

□ 非喀斯特
系数
<0.724
0.724～1.563
1.563～2.216
2.216～2.884
>2.884

(c) x_3：植被覆盖率

□ 非喀斯特
系数
<0.247
0.247～0.937
0.937～2.297
2.297～3.616
>3.616

(d) x_4：海拔

□ 非喀斯特
系数
<-5.621
-5.621～-3.708
-3.708～-2.949
-2.949～-2.155
>-2.155

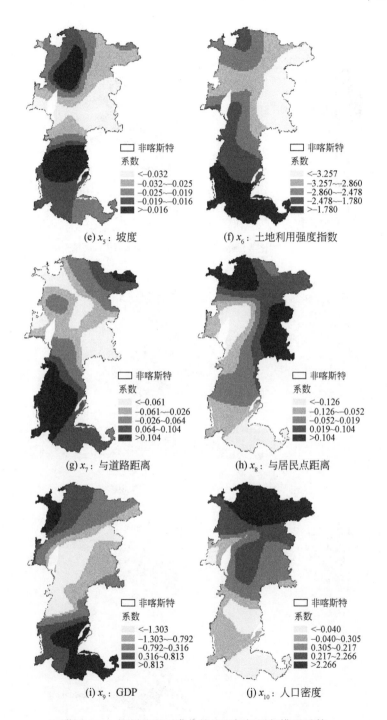

(e) x_5：坡度

(f) x_6：土地利用强度指数

(g) x_7：与道路距离

(h) x_8：与居民点距离

(i) x_9：GDP

(j) x_{10}：人口密度

附图 1-1　长顺县无石漠化的地理加权回归模型系数

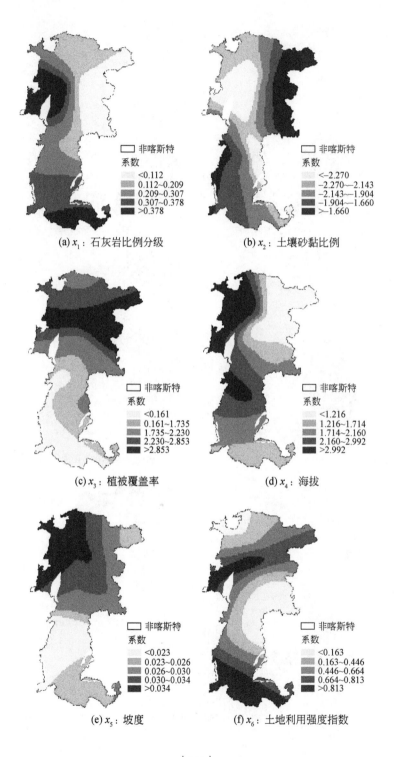

(a) x_1: 石灰岩比例分级

(b) x_2: 土壤砂黏比例

(c) x_3: 植被覆盖率

(d) x_4: 海拔

(e) x_5: 坡度

(f) x_6: 土地利用强度指数

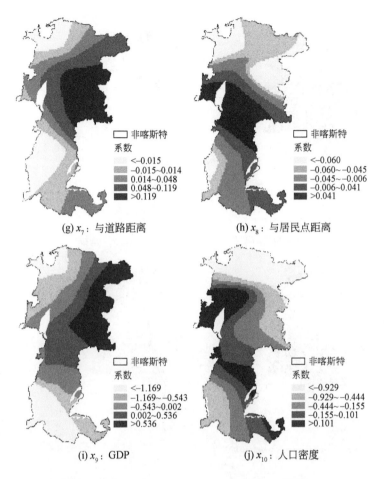

(g) x_7: 与道路距离

(h) x_8: 与居民点距离

(i) x_9: GDP

(j) x_{10}: 人口密度

附图 1-2　长顺县潜在石漠化的地理加权回归模型系数

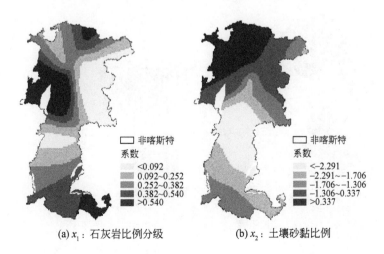

(a) x_1: 石灰岩比例分级

(b) x_2: 土壤砂黏比例

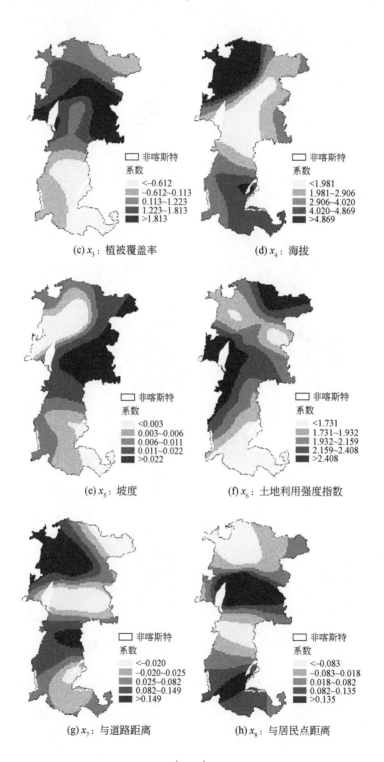

(c) x_3：植被覆盖率

(d) x_4：海拔

(e) x_5：坡度

(f) x_6：土地利用强度指数

(g) x_7：与道路距离

(h) x_8：与居民点距离

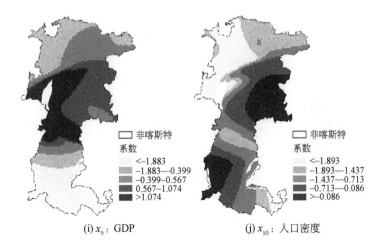

(i) x_9：GDP

(j) x_{10}：人口密度

附图 1-3　长顺县轻度石漠化的地理加权回归模型系数

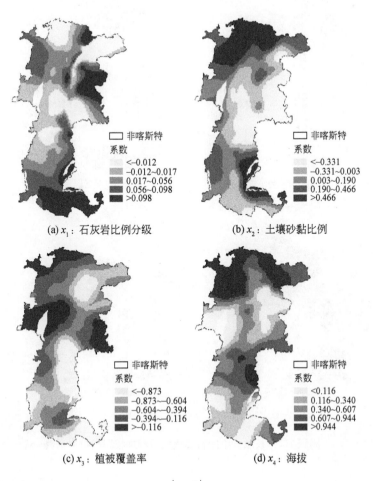

(a) x_1：石灰岩比例分级

(b) x_2：土壤砂黏比例

(c) x_3：植被覆盖率

(d) x_4：海拔

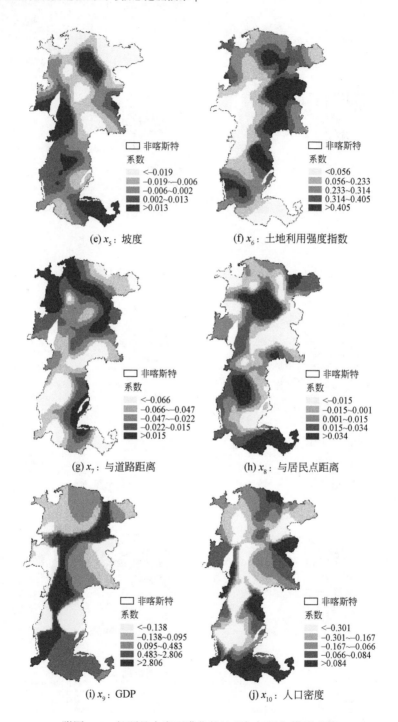

附图 1-4　长顺县中度石漠化的地理加权回归模型系数

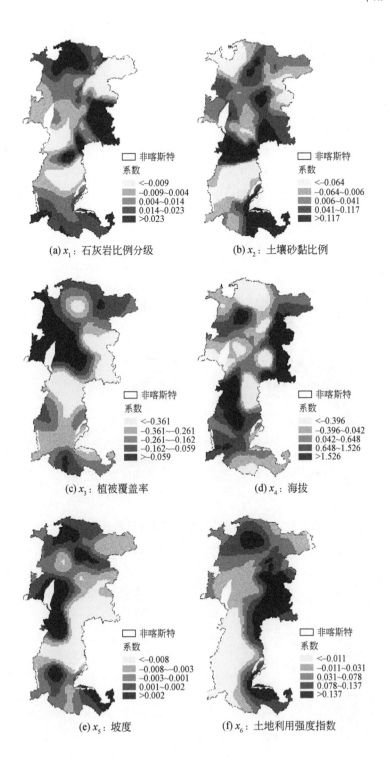

(a) x_1：石灰岩比例分级

(b) x_2：土壤砂黏比例

(c) x_3：植被覆盖率

(d) x_4：海拔

(e) x_5：坡度

(f) x_6：土地利用强度指数

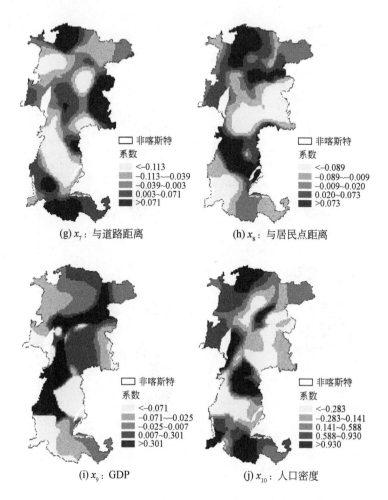

(g) x_7: 与道路距离　　　　　　(h) x_8: 与居民点距离

(i) x_9: GDP　　　　　　(j) x_{10}: 人口密度

附图 1-5　长顺县重度石漠化的地理加权回归模型系数

附　　表

附表 1-1　黔桂喀斯特山区县（区、市）及对应编号（按 2011 年行政区划）

编号	县（区、市）	编号	县（区、市）	编号	县（区、市）
1	岑巩县	32	长顺县	63	田东县
2	思南县	33	惠水县	64	平果县
3	石阡县	34	平塘县	65	大化瑶族自治县
4	余庆县	35	都匀市	66	都安瑶族自治县
5	湄潭县	36	独山县	67	马山县
6	遵义县	37	罗甸县	68	忻城县
7	遵义市市辖区	38	紫云苗族布依族自治县	69	合山市
8	金沙县	39	镇宁布依族苗族自治县	70	柳江县
9	大方县	40	关岭布依族苗族自治县	71	柳城县
10	黔西县	41	晴隆县	72	柳州市市辖区
11	息烽县	42	普安县	73	鹿寨县
12	修文县	43	盘县	74	象州县
13	开阳县	44	兴仁县	75	武宣县
14	瓮安县	45	贞丰县	76	兴宾区
15	黄平县	46	安龙县	77	上林县
16	施秉县	47	兴义市	78	武鸣县
17	凯里市	48	隆林各族自治县	79	隆安县
18	福泉市	49	乐业县	80	天等县
19	麻江县	50	天峨县	81	德保县
20	贵定县	51	南丹县	82	靖西县
21	龙里县	52	荔波县	83	那坡县
22	贵阳市市辖区	53	环江毛南族自治县	84	大新县
23	清镇市	54	罗城仫佬族自治县	85	龙州县
24	平坝区	55	宜州市	86	崇左市
25	织金县	56	河池市	87	扶绥县
26	纳雍县	57	东兰县	88	南宁市市辖区
27	水城县	58	凤山县	89	宾阳县
28	钟山区	59	凌云县	90	横县
29	六枝特区	60	百色市	91	贵港市市辖区
30	普定县	61	巴马瑶族自治县	92	桂平市
31	西秀区	62	田阳县